最美LOFT住宅　一本书读懂LOFT住宅设计

艺力国际出版有限公司　编

岭南美术出版社

中国·广州

图书在版编目（ＣＩＰ）数据

最美LOFT住宅：一本书读懂LOFT住宅设计 / 艺力国
际出版有限公司编. — 广州 ：岭南美术出版社，
2019.10

　　ISBN 978-7-5362-6876-0

　　Ⅰ．①最⋯　　Ⅱ．①艺⋯　　Ⅲ．①住宅－室内装饰设计
Ⅳ．①TU241

　　中国版本图书馆CIP数据核字(2019)第205852号

出 版 人：李健军
责任编辑：刘向上　　张柳瑜
责任技编：罗文轩
特约编辑：李爱红　　王　琛
美术编辑：陈　婷

最美LOFT住宅：一本书读懂LOFT住宅设计
ZUIMEI LOFT ZHUZHAI：YIBENSHU DUDONG LOFT ZHUZHAI SHEJI

出版、总发行：岭南美术出版社　（网址：www.lnysw.net）
　　　　　　　　（广州市文德北路170号3楼　邮编：510045）
经　　　销：全国新华书店
印　　　刷：深圳市福威智印刷有限公司
版　　　次：2019年10月第1版
　　　　　　　2019年10月第1次印刷
开　　　本：960 mm×1194 mm　1/16
印　　　张：20.25
ISBN 978-7-5362-6876-0

定　　　价：358.00元

序言

　　LOFT 设计是住宅设计中一个独特的方面，它起源于 19 世纪 60 年代至 70 年代纽约的一些艺术空间，当时仓库和工厂被改造成艺术工作室，没有过多额外的空间规划、装修或电器。艺术家们寻求的只是一定规模的、经济适用的工作室，可同时供工作和生活所用。

　　天然质朴的混凝土和金属装饰并没有多珍贵，却拥有生活与艺术双重的气息。墙壁（如果有的话）可以为大型画作提供展示的空间，装修效果和经典、奢华没有半点儿联系。就 LOFT 而言，奢华来自于设计师对空间的灵活安排，使其形成能容纳各种艺术品的空间布局。由于其极富魅力的空间属性，它们很快就流行起来并逐渐被富有时尚触觉的潮流引领者所接受。他们接手了这些艺术家的住宅，房屋的价值也得到大大提升。也就是说，LOFT 的目标住户仍然主要存在于创意行业中，例如科技行业，它吸引了那些喜欢适应性设计、灵活开放的生活布局和前卫工业厂房感的人。

　　LOFT 设计年轻、前卫、工业感十足。然而，时尚正在转变，随着空间变得越来越高档，人们开始注重空间的划分，创造独立的卧室，新旧融合。例如，一些旧的工业墙，出于隔音和防水的需求，需要重新填补缝隙。通过翻新，不再拘泥于过去十年的原始工业风，而是将原始工业与时尚相结合。将裸露的砖块或混凝土墙与黄铜、青铜或玫瑰金等高质感细节相结合。旧的工厂和仓库融合了丰富的材质和工业细节，成为一种"工业奢侈品"。

　　工厂华丽变身为豪宅公寓是一种特别的发展趋势，部分原因可归结为现代潮流生活方式的盛行以及众多开发商的介入。然而，只有少部分人才能负担得起这类 LOFT。一个典型的例子是我们最近在伦敦 Soho 区设计的顶层公寓，其未完工的原始砖墙和再生木地板，与高档厨房和浴室用具、定制的设计师家具以及为该空间特别设计的 6 米高的特色雕塑相融合。这套公寓以几百万英镑的价格卖给了一位著名的纽约导演。

　　就外壳而言，LOFT 依然是粗糙的。然而却又是充满个性、灵活性的开放式空间，有着更为精细的装修和装饰，重新定义了阁楼的魅力和特征。允许每一位用户从空间规划、材料和饰面方面表达自己的个性，他们对高耸的天花板和巨大的工厂型窗户也有着强烈的渴望，这种搭配永远不会过时。

Dara Huang & Sofia Hagen
Design Haus Liberty

目录

一、LOFT的概念以及类型

1. 什么是LOFT住宅

LOFT概念最早流行于19世纪60年代至70年代的美国纽约SOHO区，当地的艺术家们将工厂、仓库改造成兼具工作与生活用途的空间。因其独特性，在20世纪90年代之后，成为了时尚以及个性的代名词。

根据大英百科全书（Britannica）的解释，LOFT意为"建筑物内的上部空间，或建筑物中用于商业和工业的大型、未划分的空间"，常被翻译为"阁楼"。最初，LOFT是指那些由旧工厂改造而成，少有内部隔断的高挑开敞空间——HARD LOFT[1]；后来又发展成一个新的种类——SOFT LOFT。

砖块、木梁、钢材以及浇筑混凝土等是建造工厂和仓库的主要材料，所以改造阁楼中大多会融入这些属于建筑物的历史元素，将陈旧的砖墙、通风管以及混凝土直接暴露出来。改造阁楼的天花板有可能高达10米，甚至更高。高耸的天花板、大窗户以及空旷的布局有助于开放式理念的实现。

2. 改造阁楼（HARD LOFT）

传统的LOFT，即"阁楼空间"，是指"将现有的工厂建筑或仓库转换为住宅或工作用途的改建空间"，属于建筑物的结构再利用。这股改建风潮兴起于19世纪60年代至70年代的纽约和巴黎，20世纪80年代又风靡于加拿大的多伦多，市中心居民区里的一些小型工厂建筑被改造成适合生活的LOFT住宅。阁楼空间内，有着宽敞的空间和高耸的天花板，便于将工作与生活结合在一起，因此深受广大艺术家以及创意工作者的欢迎。

LOFT形成初期，艺术家们没有多余的钱去装修如此大的空间，工业建筑本身的特征暴露在外，所以改造阁楼空间内的工业风较为突出，因此不少人会产生误解，将LOFT与工业风画上等号。

设计公司：*officePROJECT 普罗建筑工作室*

有些充满历史感的改造阁楼也会重新翻修成富有现代气息的风格，与某些公寓阁楼的风格不约而同。

摄影师：*Aaron Huber on Unsplash*

1. HARD LOFT 与后文中的SOFT LOFT没有确切的中文译名，直译为"硬阁楼"和"软阁楼"，但为了便于理解，编者将HARD LOFT意译为"改造阁楼"，SOFT LOFT意译为"公寓阁楼"。

设计公司：*Spinzi*

3. 公寓阁楼（SOFT LOFT）

  随着对住宅环境要求的提升以及对创新空间的追求，地产开发商吸收"HARD LOFT"这些改造阁楼的特点，开发出本身就为住宅服务的SOFT LOFT（公寓阁楼），这类型LOFT通常为小户型，高举架，面积在30~50平方米，层高在4~6米左右。

设计公司：*TSEH Architectural Group*

公寓阁楼是开发商创造的一种具有阁楼特征的新式空间，与改造阁楼一样有高耸的天花板、宽大的窗户以及开放式的设计概念。公寓阁楼也会有砖墙、混凝土、金属管道等工业元素的应用，但这些元素与改造阁楼的相比，缺乏历史意义。

典型的小户型公寓阁楼至少是两层，空间格局划分明确，上层为睡眠空间，下层为居住空间，通常以玻璃等透明材质的物体作为隔断。

设计公司：*Interjero Architektūra (In Arch)*

公寓阁楼也有属于它自己独特的魅力，现代化装饰给人的感觉更加温暖。开发商将改造阁楼的设计美学运用到现代住宅中，拥有许多现代化设施，更贴合现代人的生活，市区里的小户型公寓阁楼深受时尚人士的青睐。

设计公司：*FORM architectural bureau*

二、LOFT住宅的设计特点

无论是改造阁楼还是公寓阁楼，作为LOFT，都有共同的特征，以下5点为LOFT设计的基本原则。

1. 开放的格局

LOFT的格局一般都是狭长、高耸的箱式格局，各种功能区不再局限于传统意义的框架之内。自由、开放、通透是LOFT设计的第一原则。可以选择玻璃幕墙代替实体墙作为划分空间的手段，保持光线在空间中的流动。

设计公司：*Architects EAT*

2. 以软装划分空间

因"开放式"这一特点，不同区域之间极少以硬墙做隔断，所以需要从软装入手，从视觉上造成空间分离的效果，如沙发、地毯、屏风等。甚至可以以灯光、色彩作为划分空间的手段。

3. 公私分明的活动空间

最初，LOFT是供艺术家们工作和生活的两用空间，下层作为工作室展示他们的艺术品，上层则为生活区。

LOFT的层高比普通的公寓住宅要高，一般为5米左右，所以常会设计个夹层或半夹层空间作为休息区域或私人空间，高度一般为2.3米。一层则会安排厨房、卫生间以及会客区等区域，高度一般在2.5米左右。

设计公司：*The Goort*

设计公司：*Linc Thelen Design*

4. 配色原则

无论是改造阁楼还是公寓阁楼，配色原则都是通用的，在同一封闭空间内，包括天花板、墙面、地板以及软装家具等，除了黑白灰等中性色，主要颜色应控制在3种以内。根据LOFT开阔通透的特性，更需注重色彩的控制，否则大空间会显得杂乱无章，而小空间则会显得拥挤不堪。

5. 灯光的设置

LOFT住宅的设计倾向利用宽大的窗户引进自然光，让光线随昼夜变化而变化，营造自然、舒适的氛围。在LOFT通透的格局下，阳光是主要的光照来源。挑高的屋顶一般不可能让光照面面俱到，因此会采用无主光源的设计，局部照明就是LOFT常用的灯光处理手法。在一些不便于设计窗户的地方，会通过人工光源，如灯带或射灯的方式达到照明效果。

设计公司：*Anchal-Anna Kuk-Dutka*

摄影师：*Anna Sullivan on Unsplash*

设计公司：*Interjero Architektūra (In Arch)*

三、LOFT风格解析

LOFT住宅设计中，首选风格便是工业风。水泥地、裸砖墙……大胆的用色和独特的设计元素，有时会给人一种破败、未完工的特殊魅力。

现代风与工业风对比鲜明，将裸露的工业材料重新设计、隐藏，更易为大众所接受。

而在混合风的项目中，工业元素与现代元素各占一定的分量，区分不明显，是设计师们特地追求的一种混搭效果。此外，还会有其他元素例如部落风、嘻哈风等不同风格的出现。

本章将结合国内外设计师的实际案例，归纳总结三种风格的设计要点，让设计师更有针对性的翻阅项目，搜寻灵感。

设计公司：*FORM architectural bureau*

/　　工 业 风

1. 工业风

受传统观念的影响，人们常常把LOFT与工业风画上等号。的确，在LOFT发展初期，其最大的特征就是工业质感，裸露的砖墙、交错的管道以及斑驳的墙壁等都是历史的见证。因此，复古工业风，便是设计LOFT时的风格首选。

改造阁楼（HARD LOFT）因为有着天然的历史优势，工业风格会更突出。公寓阁楼（SOFT LOFT）也会因工业风的魅力而特意向其靠拢。

（2） 必备的金属元素

金属是工业风中必须出现的主要元素，可与玻璃搭配作为隔断。家具软装中也经常使用铁艺制品，例如灯具、边桌、柜子等。其中黑色金属是使用率最高的材质之一，铁艺制品的冰冷感可以与温暖的木制品进行中和。

设计公司：*Rimartus Design Studio*

（1） 材料肌理的突出

工业风最大的特点就是对材料肌理的突出，追求视觉效果和个性表达。工业风的设计中会出现大量工业材料的运用，比如水泥地板、水泥墙、混凝土墙面、裸露的砖墙、做旧质感的木材以及复古的皮质元素等。但在粗犷的外表下，也有着细腻的设计。

设计公司：*Raad Studio*

（3） 裸露的管线

裸露的管线，不吊顶，也是工业风标志性的元素，能够使楼层显得更高，更开阔。管线的布置则是设计师需要着重考虑的部分，如何设计才能使他们不显突兀，同时又能作为独特的装饰融入整个空间，不让人察觉它们的存在。

设计公司：*UNION STUDIO*

（4）深色系为主

工业风的基础色调通常为黑色、深木色、棕色等深色系，主要用在天花板、地板等硬装部分，金属元素的加入更能丰富工业风这一主题。但也少不了鲜艳的色彩或绿植做点缀。

设计公司：*Me2architects*

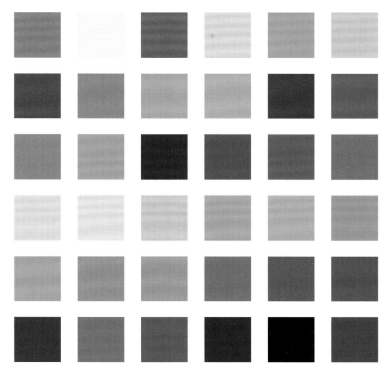

摄影师：*Dmitriy Adamenko*

（5）暖色系的复古灯具

暖色系的白炽灯是工业风中另一标志性的元素，适合运用在餐厅以及卧室中营造温馨的氛围。灯具的造型以几何线条与球形灯泡的结合为主，造型和材质都会进行夸张处理。

壁灯或者床头灯可以选用双关节灯。作为主光源的吊灯，电线不一定要藏起来，可以简单地垂下，或利用电线做出修饰性线条。

有的LOFT天花板高，所以灯要挂得足够低，将视觉重心往下移。数量上，多个灯泡的组合效果比单个更显气势。

图: Hauslondon

· 知识拓展

大部分工业风灯具的灵感都来源 Bernard-Albin Gras 设计的这款 Lampe Gras 205。Gras是20世纪法国最具创新性的工业设计师之一，设计了一系列用于办公室和工业环境中的灯具。手臂、杆、支架以及底座等，都符合人体工程学设计，经典的造型即使放到现在也不会过时。

几款常见的工业风灯饰

特拉凯LOFT

海洋LOFT

LOFT N

海洋LOFT

河畔公寓

UV公寓

（6）家具布置

总体来说，家具可以围绕棉麻、旧皮革、原木以及金属这几种材质进行挑选。木材需要根据空间的基调选择不同的花色，如果想保持原始质感，也可以不进行打磨处理，做好边缘修缮、防潮、涂蜡等工序即可。

木材与金属的搭配是最常见的组合方式，例如餐桌，可选择实木或拼接木桌板与铁质桌脚的搭配；茶几可以尝试旧木箱与玻璃的组合。搭配的方式无定式，设计师可以根据自己的理解随意组合多种工业风特色的材质。

项目：Marine LOFT

·知识拓展

Tolix A椅子是法国品牌Tolix出品的一款具有典型工业风特征的椅子，经常能在工业风的餐厅和酒吧中见到他的身影。A Chair由设计师Xavier Pauchard于1934年设计完成，这把椅子的支架、椅背全是铁皮材质，再经镀锌防锈处理以及烤漆处理而成，非常适合用于工业风的餐厅中。

LOFT N

设计公司：Nomade Architettura Milano
地点：英国伦敦
面积：230 平方米
摄影：Simone Furiosi

项目是将一栋工业建筑改造成一间典型的 LOFT 公寓，公寓坐落在伦敦当时最时尚的地区之一——肖迪奇。设计师一开始的愿望是打造一个用墙壁记录过去故事的家，非但不掩饰过去，反而保留了过去的工业感。生活区占据 LOFT 的低层，设有厨房、用餐区和大型双层楼高的客厅，夹层的睡眠区可俯瞰这一切。用色和材质都被暖调包围。这是工业建筑和住宅的混合，生铁蜡和大型窗户在连接此 LOFT 的过去和未来中起着重要的作用。浴室具有复古的感觉，水泥瓷砖揭示了特别的环境特征，与房屋其它部分完美结合。

业主是一对年轻的意大利夫妇，为这间公寓带来了他们的旅行记忆。他们周日常花时间在波多贝罗路等旧物市场上，所以房子像是一间旅行社，每个角落、每一个细节都讲述了他们的旅程。房子的地下室已被改建为适合聚会的小酒馆，设有一间厨房和一个大餐桌，专门为来自意大利的家人聚会准备。电视旁边设有一张大沙发，非常适合与朋友一起度过轻松的星期天。

- **硬装**

墙壁 | 砖墙

地板 | 木材

定制的铁制楼梯将一楼与夹层连接起来。

舒适的工业风餐厅。

客厅，保留原有砖墙。

4200-6

4200-37

从起居室里，可看到铁和玻璃隔开的定制夹层。

娱乐室。

起居室。

位于夹层的卧室。

主卫。

主卧和主卫相连处。

以简约风为主的卫生间。

切尔西LOFT

设计公司：OMAS:WORKS，建筑；Jarlath Mellett，室内设计
总承包商：Smi 施工管理公司
地点：美国纽约
摄影：Richard Powers

我们公司的一位老客户在纽约市切尔西社区的老救生圈工厂购买了这间 LOFT。虽然开发商通常会对建筑物的功能进行改造，但此项目的空间与饰面并没有和建筑本身有过多的联系，更不用说和业主本身。我们的客户试图恢复这个地方的工业感，同时邀请我们进行新探索。

我们的工作重点是通过对 LOFT 的小改造，为业主不断扩大其收藏艺术品的空间。

深而开放的阁楼长墙先以一个很小的角度进行改建，运用业主 Liam Gillick 藏品的色彩，为空间提供了一个倾斜的视角。

随后在入口附近，建造一面由新泽西仓库捞出来的砖砌成的新砖墙，打造成一面干净的艺术墙，与原始建筑相呼应。

原来凹进去的地方围合成一个大空间，使用与天花板同材料的竖直焦杨木重新改造，向上弯曲伸入画廊，可作为媒体室和摆放小物件的空间。

● **硬装**

墙壁 | 烘烤杨木板材、砖、石膏

天花板 | 重新粉刷原有框架

地板 | 原有木板

其它 | 厨房材料：混凝土、烘烤杨木板材、白漆、背漆玻璃

● **软装**

家具 | Jarlath Mellett的米洛·鲍曼椅子，玫瑰木框架和伊姆斯皮革躺椅，桌子周围是与其不匹配的中世纪椅子，覆盖着各种天然色调的皮革。

照明 | Jarlath Mellett水晶吊灯，呈云状，优雅地悬挂在餐桌上方。

装饰 | 亚麻、毡制羊毛、混凝土、时尚皮革

艺术展示在这个开放平面中非常突出。

大号沙发和咖啡桌取代了客厅内随意摆放的椅子。

设计师在三个孩子卧室现有的位置上进行重新构思，让孩子们可以在相对较小的空间玩耍。主卧室配有一个白色焦杨木中心枢轴门，用于隔绝阁楼的角落，并设有道格拉斯冷杉木装饰的更衣室。由混凝土、白漆、背漆玻璃和焦杨木打造的厨房在此迎接到访者。

最后，媒体室的一个小空间里隐藏了一间葡萄酒室，内有 338 瓶葡萄酒。

厨房空间成为整个开放空间的定位点，而建筑本身无漆立柱标示出走廊艺术墙的中心。

烘烤杨木板材从媒体室延展至走廊的艺术墙。

藏酒室隐藏在媒体室的角落，在它的烘烤杨木箱格中收藏有 338 瓶好酒。

媒体室的组合沙发和地毯营造出一种亲密感，而烘烤杨木天花板却向外伸展开去。

厨房区，此处展示了一个内置在边缘的酒水柜和一个下拉式菜板，菜板拉下后，可见其后隐藏的电视机。

主更衣室由切割成四块的道格拉斯冷杉组成，它与主卧的烘烤杨木门的中心枢轴相邻。

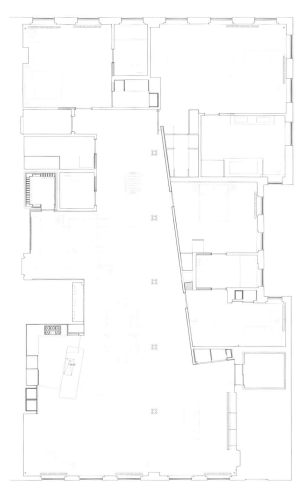

MDP公寓

设计公司: FFWD Arquitectes
设计师: Laia Guardiola Raventos & David Benito Cortázar
地点: 西班牙巴塞罗那
面积: 122 平方米 (室内) , 27 平方米 (露台)
摄影: FFWD Arquitectes (David Benito Cortázar)

设计师在翻新这个巴塞罗那 Poble Sec 社区的老木工车间时,主要目标为:在保留主要建筑组件的同时,建立居住空间。他们赋予了这个空间魅力和独特性。

这些元素保存得并不好。砖墙和石墙隐藏在厚厚的石膏和砂浆内衬以及天花板表面之下。天花板上的木梁受到白蚁的严重破坏,会影响整个建筑的稳固性。

此外,该建筑设有多个光线开口。内部天井的存在,使我们能够在临街窗户中使用半透明玻璃来保持房屋的隐私。房屋的主要空间与庭院的连接成为视觉的焦点。

墙壁和屋顶——这些我们想修复、尚有价值的部分构成了项目的上半部。由于地板是负责空间配置的新型建构元素,设计师采用岩石材料,布满整个空间;并创建了一个个开放性区域,将这些区域按级别和对象组织起来。

● **硬装**

墙壁 | 砖墙和石头墙
天花板 | 恢复现有的木梁和瓷砖板
地板 | 混凝土

● **软装**

家具 | Roche Bobois的沙发
装饰 | Smeg装饰品

从内部中庭看向起居室。

起居室相对于主平面向下凹陷。

起居室面朝中庭的大开口。

首先，它解决了两个高度不同的入口产生的冲突，并给出了主楼层与露台层之间相差 45 米厘的解决方案。

其次，房子的一些固定家具从地面抬起。起居室沙发、厨房桌子和一些浴室水槽由砖砌成，并采用地板上的混凝土衬砌覆盖。

在重新创建的一些主要区域中，空间是通过使用封闭的"盒子"来组织的。它们包含更多的私人用途，如浴室和更衣室。随着方位确定，生成了卧室空间，并与房子白天的活动区域保持分离。

布局是应业主要求设计。他希望有一个小型独立公寓，为这一年经常光顾的访客提供住宿。当没有客人时，这个空间将被用作工作室。这便是为什么房子被设想为两个独立的空间的原因，可以按需独立使用。

配有混凝土台面的开放式厨房。

厨房主区被刻意安排在房屋主空间的一个角落里。

次起居室。

滑动门将起居室与卧室分隔。

主卧和特别定制的床头板。

次卧被安置在原有的、修复过的石墙间。

为次起居室配套的全混凝土铺设的浴室。

主浴室经由滑动门能够一分为二，同时成为客用浴室。

春希的公寓

设计公司: The Goort
地点: 乌克兰, 顿涅茨克, 马里乌波尔
面积: 35.7 平方米

这间位于一楼的公寓坐落于马里乌波尔市历史中心的一栋两层砖混建筑内, 总面积为 35.7 平方米, 仅有一间卧室。这些房屋也被称为"革命前"的房屋。自从马里乌波尔第一家报纸的印刷办公室入驻这间公寓后, 它成为了一个典型的多户住宅单元, 近年来也被用作办公室。

目前的业主是一对年轻夫妇, 选择了现代化的都市公寓格局, 宽敞明亮, 有着最少的家具和最多的功能。

主要的优势为高达 4 米的天花板, 由于旧地板(曲木地板, 在不同的角落下降 0.15/0.20 米)拆除略有增加, 这解决了所有空间问题。

因此, 主体空间得以在竖直方向(而不是水平向)上分解; 设计师根据场所的用途分配功能: 第一层为公共空间, 第二层为私人空间, 通过楼梯和共享的灯光连接空间。

● **硬装**

墙壁 | 外露的砖墙、天然胶合板

天花板 | 木质天花板横梁

地板 | 木地板

格局 | 双层空间

● **软装**

家具 | 可拆卸的桌子和折叠椅、Poliform的沙发、Normann Copenhagen的咖啡桌、+ Halle的桌子、定制扶手椅和所有嵌入式家具

起居室里, 展开的可折叠桌子用于晚上招待亲朋好友。

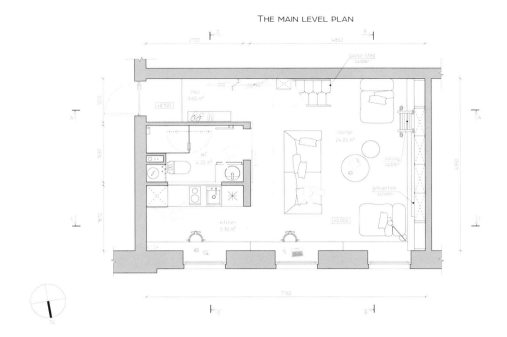

一层

该项目最大的区域为休息区，它的外观很容易改变，改变后的效果取决于设计的目的。该公寓的业主是非常善于交际的人，他们有很多朋友并来往频繁，经常在家里聚会。

需要修改的物件隐藏在巨大的橱柜的单元格中，占据了主房间从地板到天花板的整个空间。它的下半部分隐藏着可拆卸的桌子和折叠椅、中央靠垫和睡蒲等等。对于个人物品，不论放在橱柜哪一部分，梯子都够得着。

空间没有划分单独的工作区域，这个功能是由厨房里的一个长窗台实现的，同时也有餐桌的作用。

整个客厅的视图。

厨房非常小，但容纳了日常所需物品。

走廊。

宽阔的窗台可作为起居室的临时桌子。

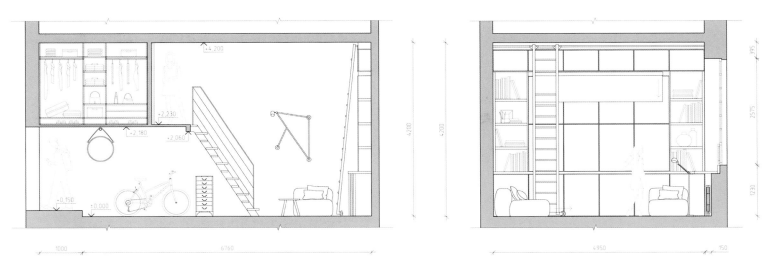

Section A-A   Section B-B

从二楼俯视起居室。

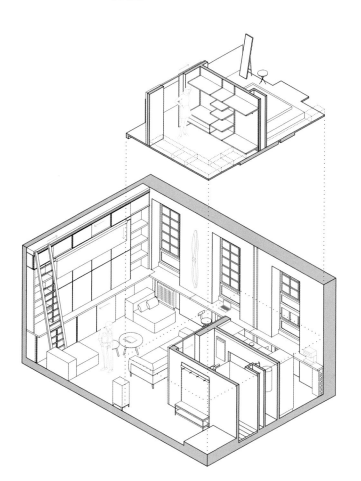

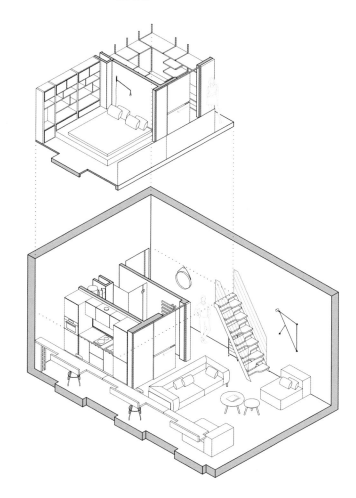

The second level plan

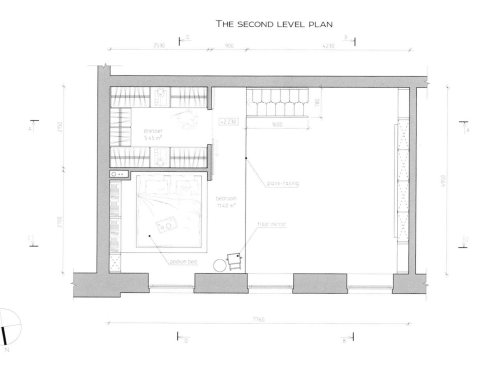

dresser
5.45 m²

bedroom
11.40 m²

glass-railing

floor mirror

podium bed

二层

二楼夹层设有一间小卧室。

厕所的部分墙壁保持裸露的砖墙。

奥地利LOFT

建筑：KR Properties
室内设计：PROforma Design
设计师：Tatyana Bobyleva
地点：俄罗斯莫斯科
面积：68 平方米
摄影：Melekestseva Olga

这间公寓将工业风融入其中，并体现了业主对奥地利自然风光、阿尔卑斯山绿林、滑雪和小木屋的喜爱。室内仿真壁炉旁的金属玻璃隔断、混凝土表面与木材、绿色基调相辅相成。由于隔断少，公寓看起来宽敞明亮。在地板上绘制地毯是一个颇有创意的方案：客户并不喜欢纺织物，但如果没有它，混凝土地板可能会显得过于严肃乏味。

● 硬装

墙壁 | 裸露的砖墙和混凝土

天花板 | 混凝土

地板 | 混凝土

格局 | 起居室设有开放式厨房，利用木质隔断与大厅隔开

其他 | 玻璃隔断

● 软装

家具 | Denis Milovanov的现代家具和、oft配件以及安乐椅

照明 | 桌子上的聚光灯和复古灯具

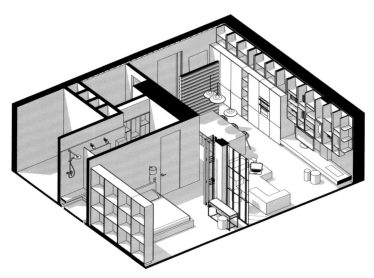

设有地暖的混凝土地板以及地毯是非常经典的搭配方案。除了壁炉，起居室还配有舒适的模块化沙发以及木质安乐椅，形成轻微的"乡村"风格，与壁炉下的木柴相互映衬。

建在混凝土架子上的生物壁炉，在现代化的大都市中间营造出一种温馨舒适的乡村别墅氛围。一把来自丹尼斯·米洛瓦诺夫（Denis Milovanov）的安乐椅是对主人绝佳品味的见证。

卧室隐藏在可折叠的玻璃隔断之后，框架选择工业风浓厚的金属材质。保留了混凝土柱的原始外观，配以金属以获得更好的刚度。

绿色，传递出阿尔卑斯草甸的舒适和清新，是整个空间的基调。卧室铺有编织床品，以落叶松凳子作为床头柜。

高级灰的百叶窗有助于保护卧室的私密性。

淋浴区和洗漱区由玻璃隔开，但通过混凝土架子和墙上的木纹瓷器造成视觉上的连接。墙壁用混凝土仿石膏完成。

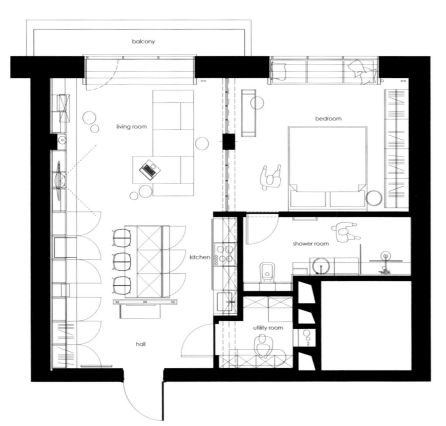

通过玻璃隔断可以看到壁炉上方的架子，涂有阿尔卑斯山的绿色和带有混凝土岛台的厨房。

沙漠LOFT

建筑事务所团队 YoDezeen 在乌克兰基辅这个类似工业的空间——"沙漠LOFT"——中营造出了温馨的氛围。

说起典型的 LOFT，我们想到的可能是寒冷而黑暗的氛围。但在这个案例中，设计师通过天花板上裸露的混凝土表面、作为基本饰面材料之一的天然木材、生皮革装饰的功能性家具、天花板上裸露的布线以及跟踪照明，在工业空间里营造出一种相当温馨的氛围。客户对美洲南部和北部种植的稀有仙人掌的喜爱影响了整个项目。细高的仙人掌被当成主要的装饰重点，并放置在玻璃隔断的后面；该隔断将厨房、餐厅和起居区等开放空间与卧室隔开；这些罕见的植物被地板上的聚光灯照亮。事实上，设计师运用了典型的沙漠色调，大面积使用不同的沙色，为空间增添了一些沙漠感。

设计公司: YoDezeen
建筑师: Artur Sharf, Artem Zverev, Aliona Oleinik
室内设计师: Denis Terioshyn
地点: 乌克兰基辅
面积: 95.5 平方米
摄影: Shurpenkov Andrii

● **硬装**

墙壁 | 裸露的混凝土表面、木板

天花板 | 天花板上露出混凝土表面以及线路轨道

地板 | 自然木材

● **软装**

家具 | 带有皮革软垫的多功能家具

照明 | 轨道灯

给到建筑师的是自由的平面布局和良好的平面比例，使得在设计上能够简单而有逻辑地将空间分为两个大空间：起居、餐厅和厨房区形成的空间以及私人空间。

公寓材料的使用囊括了柔和的颜色与纹理，以及混凝土墙壁、天花板上裸露的电线和轨道照明。

暖色调木质地板和木质墙板柔化了室内观感。

为了让室内设计更为惊喜和引人入胜，建筑师添加了一些吸引眼球的特色，包括设计独特的灯具和灯光、现代艺术品和轻奢家具，吸引家庭成员于日常使用。

在私人空间中，设计师将舒适与功能并重的设计理念融入其中。

昏暗的浴室以一种戏剧性的方式突出些许男子气概，但在设计上保持优雅。

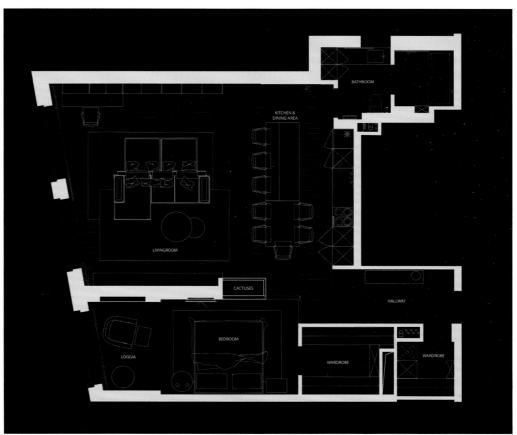

男士公寓室内设计

这是 Me2architects 工作室的最新作品，为一个年轻人打造一间仅有 46 平方米的专属公寓。设计最重要的任务是使得室内空间融入公寓外的工业区和城市社区。工业风的室内设计是基于周围环境而决定的。内部由粗糙的材料，如金属、混凝土、砖块为主导，但镶木地板、木制百叶窗和植物等自然元素提供了舒适感。定制的黑色金属结构架子成为关键，为设计作品带来朝气。

这间公寓采用了非标准化设计方案，例如卧室区域仅由玻璃墙隔开。这样的话，房间的私密性较低，但保持了空间的谐同感。浴室选用暗色方案。色彩和材质为当代都市风格，富有格调而不惧过时。外露的混凝土、钢材和玻璃排列成线条清晰的形状，灰黑色基调为室内增添了几许精致和优雅。这些简单而现代的特质被红色线条点燃，使整个公寓的地毯、装饰元素、灯具和艺术品的色彩生动起来。

设计公司: Me2architects
设计师: EglėMišinytė, JurgitaMockutė
地点: 立陶宛维尔纽斯
面积: 46 平方米
摄影: Leonas Garbačauskas

● **硬装**

墙壁 | 砖块、混凝土

天花板 | 彩绘石膏

地板 | 镶木地板

● **软装**

家具 | 黑色金属架子、金属板

照明 | 轨道照明

装饰 | 植物、乐器、书籍

客厅视图。

重复出现的黑色金属细节。

开放式布局。

黑色金属架子创造精致的线条细节。

黑色金属与玻璃做隔断。

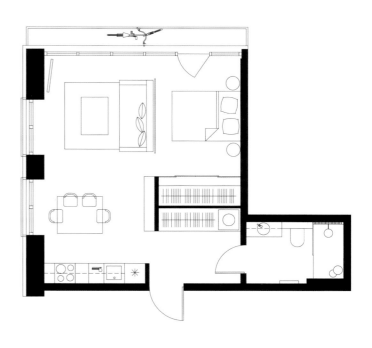

深色浴室。

UV公寓

设计公司: OPEN AD
设计师: Zane Tetere Sulce, Kristine Berza
地点: 拉脱维亚里加
面积: 210 平方米
摄影: Ansis Starks

该重建项目包括三座联排式建筑。它们隐藏在拉脱维亚里加市的一栋建筑内营造出与里加常见的城市环境和建筑不同的氛围。其中一间公寓是金属结构暴露在外的 LOFT。冰冷的混凝土、砖石、亚麻布、天然材料制成的家具与荷兰风格和斯堪的纳维亚风格的配饰相结合,所有这些融合在一起,营造出一个具有现代工业感且舒适的环境。

- **硬装**

  墙壁 | 混凝土和砖块

  天花板 | 混凝土

  地板 | 混凝土和木材

- **软装**

  家具 | 荷兰和斯堪的纳维亚经典家居,宜家

  装饰 | 荷兰和斯堪的纳维亚装饰

厨房。

开放式布局。

休闲空间。

从走廊望向开阔空间的视角。

餐厅。

通往卧室和浴室的走廊。

浴室。

2号工业阁楼

设计公司: Diego Revollo
地点: 巴西圣保罗
面积: 100 平方米
摄影: Alain Brugier

这个 100 平方米的 LOFT 位于圣保罗的贵族社区 Morumbi，结构清晰。

大部分男士因为其 20 世纪 70 年代纽约工棚的美学而偏好这种风格。对于熟知纽约工棚和设计过其它一些 LOFT 的 Diego Revollo 来说，他认为改造这个项目需优先考虑的是材料和功能。

建筑商交付时房子几乎没有墙壁，但已有夹层，因此公寓不需要大改造，只需减少浴室的数量，并将地板、墙壁和天花板的焦碳水泥涂上黑色涂料。Diego Revollo 采用优雅的饰面和原创设计方案来改造空间。

底层的一体化程度很高，拆除了厨房的 L 型长凳，将其换成餐桌更进一步消除了所有屏障。

社交区设计为大大的箱型结构，天花板和墙壁用灰色焦水泥粉刷过，突出了黑金属骨架和明晃晃的电气管道。建筑师认为，在这种类型的方案中，掩盖结构、盖梁或衬里并不好。

● **硬装**

墙壁 | 灰烧水泥

天花板 | 灰烧水泥

地板 | Tauari木头

其它 | 黑色的金属骨架、电气管道

● **软装**

家具 | 客厅里的Baxter Leather扶手椅

照明 | 厨房里的黑色磨砂金属壁灯

装饰 | 卧室里西班牙画家的艺术作品 "Zezao"

起居空间的特点在于溢满整个环境的明亮自然光，而恰当的灰度让空间显得广阔而悦目。

裸露的砖墙上涂盖着一层烧过的水泥，创造出一种舒适的乡村氛围，而它表面的纹理成为了一种装饰元素，很好地适应整个环境。

电视书架的木工设计效仿堆叠的集装箱，有一点组合效果，透过它依然能够看到墙砖，为环境增添了些许魅力。

工业风的美感清晰可见，并在夹层设计中进一步升华。它是混合结构和金属框架的结合，突显出浓郁的男子气概。

夹层的建筑系统，既有明显的房梁，又有线条的缺失感展示了公寓的工业特征。

Diego Revollo 解释，LOFT 的装饰是配套的。为使原本的深色调显得温暖并打破持重感，设计师使用毛利木材覆盖整个地板，垫子和物体则带来了色彩。房间的一大观赏点是由 Diego Revollo 设计的电视柜，形似箱子堆积在一起，可让您在此背景中感受墙壁的质感。

圣保罗这间 LOFT 精心设计的色调突出了工业氛围。

厨房融合进起居室，扩大公寓的空间，铰接的墙灯和不锈钢台面强化了空间的阳刚气，呈现出一种现代而工业化的风格。

浴室和壁橱作为一个黑色的体块插入到卧室中，所有的平面都处理成黑色，赋予其表现力。

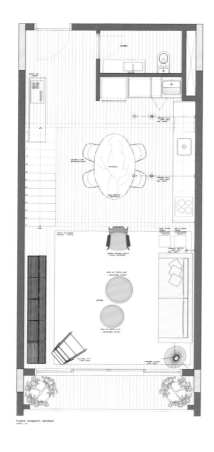

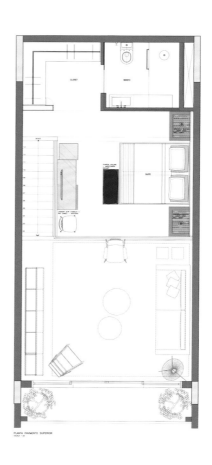

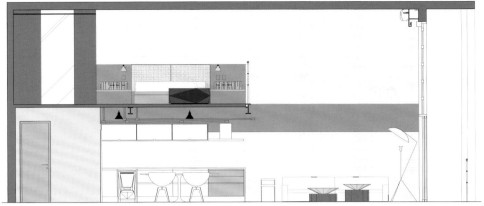

CORTE LONGITUDINAL 01
ESCALA 1:50

CORTE TRANSVERSAL
ESCALA 1:50

浴室内部全部涂上了黑色的焦化水泥，水泥柔滑的外表强化了
环境的存在感和阳刚气。

特拉凯LOFT

设计公司: Rimartus 设计工作室
主建筑师: Rimantas Špokas
地点: 立陶宛特拉凯
面积: 102 平方米
摄影: Andrius Stepankevičius

客户是一对年轻的夫妇，他们要求这间公寓的内饰必须简单且现代化。因此，公寓设计成黑白灰三色的 LOFT。我们非常重视创建功能区并保持建筑原有的环境。新公寓规划完成后，增加了二层空间和屋顶天窗。第一层包含空旷宽敞的客厅、厨房和酒吧区，带楼梯的大厅、淋浴室、卧室和盥洗室。一层与二层之间的夹层设有以金属格栅分隔的休息区和步入式衣橱。

我们试图营造舒适、艺术和浪漫的氛围，又带有一些工业设计特点。设计师决定减少色彩的运用，使用黑白灰三色和天然木材纹理。

一些墙面保留涂成黑色或白色的砖块，以提供更加舒适和真实的感觉。设计师决定采用黑色装修厨房单元，同时设置金属夹层和楼梯，使得外观更丰富。灯泡、电源插座、开关和其他小型元件同样选用黑色。吧室外墙上使用了陈年木质纹理，以增添活力。

设计师选择了简单的工业风格的暖谱灯，与黑色表面形成鲜明对比。自然和人造照明营造出不同的色彩效果和情绪。

项目为年轻客户的未来需求和自我改造留下了很大的空间。

- **硬装**

  墙壁 | 砖块

  天花板 | 石膏板（干墙）天花板

  地板 | 木纹理层压板

  格局 | 创建新的功能区，添加夹层和屋顶天窗

  其它 | 天然木材纹理

- **软装**

  照明 | 工业风格暖光灯

  装饰 | 火炉、砖、金属楼梯

  色彩 | 白色、灰色、黑色和一些天然木质纹理

开放式起居区设有厨房以及二层空间。

通往夹层的砖墙和金属楼梯。

黑色系的厨房家具。

厨房和酒吧营造出舒适的氛围。

通往夹层的金属楼梯。

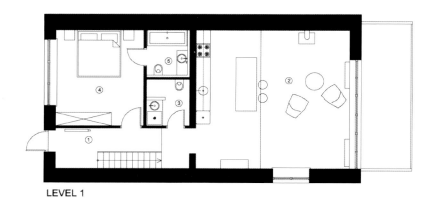

LEVEL 1

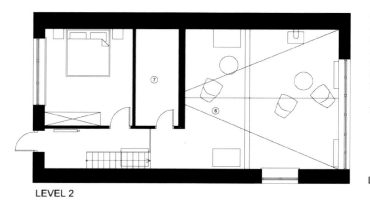

LEVEL 2

1. hall	10.14 m²
2. living room/ kitchen	40.66 m²
3. shower room	3.87 m²
4. bedroom	16.18 m²
5. bathroom	3.91 m²
6. entresol	19.73 m²
7. walk in closet	7.96 m²
total	102.45 m²

LOFT APARTMENT IN TRAKAI

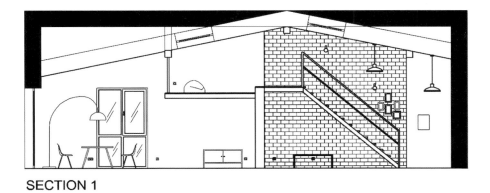

SECTION 1

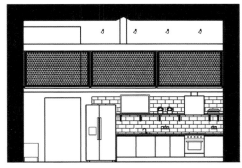

SECTION 2

床后的墙壁刷成黑色。

混凝土素色砖、大镜子与黑色背景。

破界

人们依赖归属的感觉，无法脱离最深层的熟悉感。

熟悉感包含了由每种生活味道组成的记忆，它们有酸、甜、苦、辣，并且可能跨越国界或超出人类的感觉。比如我们心中的一张图片或者我们记忆中的一种气味，它无法脱离我们对归属的期望。

穿过黑色格栅大门，踏入空中花园，仿佛脱离了时间边界，视线被国际艺术家班克西的壁画所捕获，身在台湾仍随时可看到他的作品。转过身，蒋介石纪念馆上方长长的蓝色天际线吸引人们驻足观看。这种视觉与空间的转换，加上视觉上的矛盾，使文化集中在当地晶莹剔透的美之中，无需游遍世界各地寻找。

可爱的灰色透过黑色格子窗户进入室内，在阴暗的光线下呈现出善变的特质，有时很时尚，有时是复古的，有时是寒冷的，有时候会让人心情变暖。没有具体的词来形容它，尤其是它会随着空间的变化而变化。

设计公司: 奇拓室内设计
设计师: Chloee Kao, Ciro Liu
地点: 中国台湾
面积: 134 平方米
摄影: Looveimage

- **硬装**

  墙壁 | 文化石、铁

  天花板 | 实木

  地板 | 木地板、地毯、瓷砖

  格局 | 使用非垂直斜面拉伸空间

- **软装**

  家具 | 进口家具、定制家具、户外家具

  照明 | 复古枝形铁艺吊灯

  装饰 | 进口配饰

大门口处的全身镜，用于拓宽空间视野。

客厅里斑驳的墙壁体现了丈夫对纽约阁楼的向往。

非垂直斜面和不同材料的应用突显了空间的差异化和整体感。

可以远眺大海与树木的观景露台。

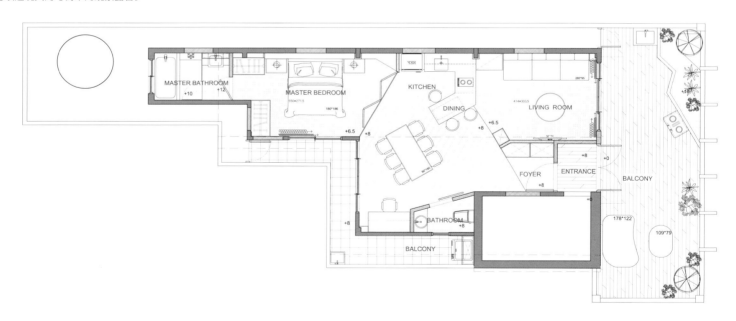

这些空间似乎在不同的角度下有所不同，但有时他们似乎又彼此依赖，体现出他们没有任何分界。黑暗意味着稳定，木材意味着生命，砖头斑驳而地毯却细致。这样的想法打破了分界线，同时以某种方式平衡彼此。

百叶窗使光线模糊不清，延伸着视线并保持卧室的私密性。这感觉就像隔

行扫描记忆网，保留过去和存在，光线点亮酒吧，然后落在地上。

突然之间，仿佛在我们最熟悉的土地上，我们为世界种植了一颗种子。现实和记忆打破了任何一种界限，他们蹲伏在房子的每个角落，出奇和谐地出现。打破分界不再是触犯的感觉，而是重新组织对未来的归属。

可折叠的百叶窗门增加了空间的灵活性。

我们在落地窗旁边一个光线充足的角落设计了一个舒适的工作区。

去过日本旅行的房主常常将淋浴与泡澡分开。因此，我们将两种行为拆分，为其重新设计了一种新式的浴室。

海洋LOFT

设计公司: SUBU Design Architecture
设计师: May Sung
地点: 美国加州圣莫尼卡
面积: 162.58 平方米
摄影: Manolo Langis

海洋 LOFT 位于加州著名的圣莫妮卡海滩附近的一个街区，面积为 162.58 平方米。客户是一位来自中西部地区的年轻银行家，从纽约市迁居到此。他是一名狂热的冲浪爱好者兼滑板运动员。客户希望新住所可让他回忆起成长地的自然环境，但也尊重空间的工业性。

与客户多次交流后，确定了空间方案。厨房的岛台是由回收的原木和管道建造而成的，长约 4.88 米（16 英尺）。岛台本身被分成用餐区、饮酒区和阅读区。设计师将这个主题带入卧室，床采用 12 米×12 米的回收原木打造，两侧用弯曲的钢板固定边桌。设计师搜集了一些回收材料和固定装置，以营造一个温暖而诱人的工业空间。

- **硬装**

  墙壁 | 彩绘、再生木板

  地板 | 仿古木地板

- **软装**

  家具 | 4.8米长的岛台

  照明 | 岛台上的大型尤金吊灯，定制于FleaMarketRX 的餐桌照明

  装饰 | 裸露的工业管道

从入口望向厨房。

从餐厅望向入口。

定制于 *FleaMarketRX* 的餐桌照明。

由回收木制成的 12 米 x12 米定制床体。

海上住所

设计公司: ZW6 | STUDIO JEROEN VAN ZWETSELAAR
地点: 荷兰海岸
摄影: Sophie Knijff

客户和设计公司第一次看项目时，房子显得非常小而且不具时代感。所以设计的主要目的是扩大空间。随着设计草图的不断完善，他们发现这个房子的空间对两个人来说是完美的。 Jeroen van Zwetselaar 和团队的设计包含了一个大厨房，空间是以前的两倍，有更多的壁橱空间和一张大餐桌。此外，卧室变成了一个更大的房间，带一体化衣柜。

仔细看一下细节，材料采用各种对比组合：黑色和白色的垫子、混凝土和木材。因而，现在通过大窗户，房子与森林更紧密融合。这些设计使得房子看起来醒目而舒适，并且与选址完美匹配。

客户给了 ZW6 interior | architecture 更多空白的空间以供设计。Jeroen van Zwetselaar 和他的团队使厨房面积增加了两倍，并有很多额外的壁橱空间。浴室的面积只有厨房面积的一半，但却拥有客户所需的一切，包括内置花洒淋浴、毛巾散热器和水槽。卧室变得更大，设有梳妆台和衣柜。

哑光黑色、白色和混凝土、木材的组合带来令人惊叹的对比，房子更显舒适。浴室的黑色调渐褪，卧室和起居室的房梁使房间更显宽敞，并在地面上做了"记号"。

● 硬装

墙壁 | 白色灰泥和木头，重复使用的木板
天花板 | 白色灰泥
地板 | 混凝土和木材的组合，排成一列列的木头墙

● 软装

家具 | 牛皮椅子和休闲椅
照明 | 墙上大大小小的黑色装饰
装饰 | 黑色和白色的垫子

木质地板延展到墙面，扩大了起居室的空间感。

每一个空间都进行了高效安排，分区清晰。

事实上，厨房对于整个空间而言非常巨大，我们使用黑色来营造一种"消失"感。

黑与白的对比，暖色调木质和硬线条灰泥墙的对比。

ZW6 展示了可以在合理的预算范围内创造出一个独特的设计。他们在房间的橱柜周围建了一个拱顶，这样看起来很别致。设计师用树干做成架子，卧室里的镜子是手工制作的。

为了使空间看起来更大并向外扩展，ZW6 interior | architecture 完全使用玻璃制成项目的背景。这提供了一个向外看的美丽视角，你会感觉到仿佛身处在树林中。

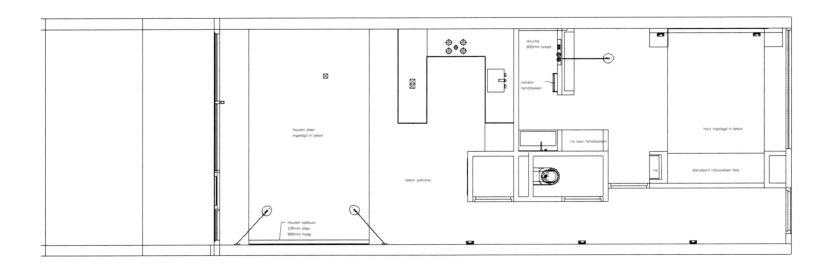

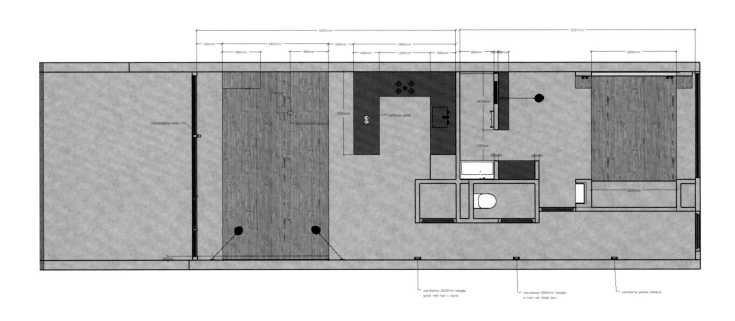

卧室中木质墙板立于地面浮于墙面，用于营造舒适感。

黑色的浴室中使用了自然材料：河里的石子和木材。

对于架子，我们也使用了原木。

镶有皮革的圆形复古镜子。在空间中我们使用了大量黑色。

工作室LOFT

室内设计：GASPARBONTA
首席设计师：Gaspar Bonta
地点：匈牙利布达佩斯
面积：100 平方米
摄影：Bálint Jaksa Photography

● **硬装**

其它 | 铁、混凝土和木头

工作室 LOFT 是一间位于布达佩斯市中心的精致公寓，原本是一位著名的匈牙利画家的工作室，因而拥有所有成为当代 LOFT 家居的特质。大型中央空间设有厨房和客厅，还配有两间带独立卫生间的卧室和一个小的隐形储物空间。

当然，视觉上最吸引人的部分是中央空间的巨大窗户（约 4 米 × 4 米）。该公寓恰好位于布达佩斯中央公园区 Varosliget 的一个角落，目前该公园正在改造为多层次的文化和娱乐公园（Liget Budapest 项目）。

室内设计理念基于现有的工业特征，并将其与清晰的几何形和原生态材料（如铁、混凝土和木材）结合在一起，创造出流畅、通风、空旷的空间。随后添加一些绚丽多彩的家具和艺术品，以及独特的照明方案，以完善视觉统一性。

入口。

客房设有一个小型工作区,靠近淋浴间。

起居室，整个空间的最佳观景处。

我们可以从巨大窗户远眺阁楼对面的公园。

开放式厨房。

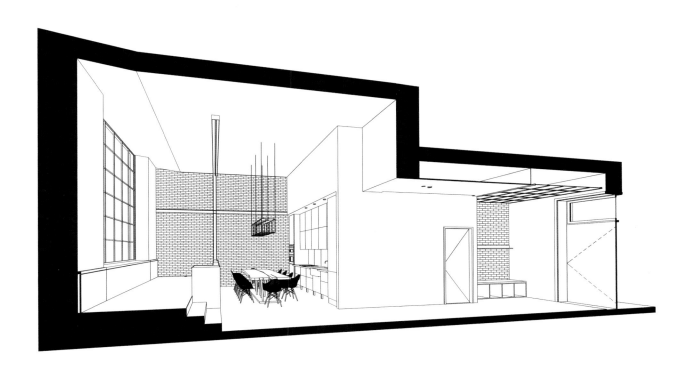

客房。

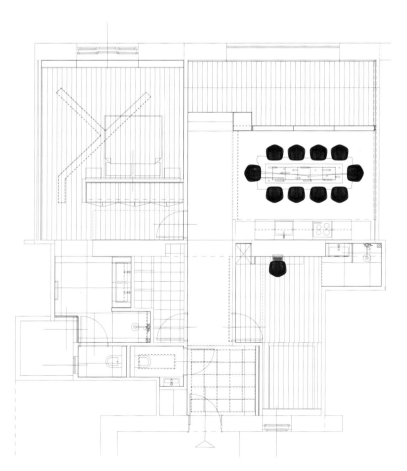

主卧。

主卫。

主卫。

大琼斯项目

设计公司: UNION STUDIO
设计师: Matthew Bear
面积: 278.7 平方米
地点: 美国纽约
摄影师: Rosie Trenholm / UNION STUDIO

这间由 UNION STUDIO 设计的 LOFT 位于纽约 NOHO 社区，客户是一位长期从事品牌设计工作的业主。这间 LOFT 位于一栋工业建筑的 3 楼，格局狭长，三面都是窗户，能够俯瞰华盛顿广场公园周围生机勃勃的街区风景。

开放式的起居室、用餐区和厨房位于中心区域，楼下就是 Great Jones 街道。LOFT 的另一端是主人套房以及办公室。主浴室配有鱼肚白大理石的双层淋浴间，定制的黑色不锈钢屏风，复古的工业玻璃和柚木浴缸。不锈钢与玻璃定义整个空间的基调，并与这栋工业历史悠久的建筑协调相融。

LOFT 的另一端是次卧和大型工作室，这间工作室是整个空间的创意中心。单一的深色油漆与现有的木质品和谐融合，并为各种设计和艺术品创造了一个艺术效果十足的背景。

UNION STUDIO 在厨房的岛台旁设计了一个开放式的置物架，放置了可移动的座椅、以及由钢和白橡木制成的封闭式橱柜和锅架。相邻用餐区的架子借鉴了厨房岛台的设计细节，贴合 3.6 米（12 英尺）长的大理石餐桌。栎木地板采用天然哑光黑色涂层进行氧化处理，磨砂、饰物以及各种点缀以柔和的色调融入黑色调的背景中。

- **硬装**

墙壁 | 由黑钢和复古工厂玻璃组成的玻璃幕墙，由 Union Studio设计，其他墙壁为石膏体和砖块。

天花板 | 原始拱形石膏天花板

地板 | 氧化裂纹白橡木地板

- **软装**

家具 | Union Studio设计的餐桌、岛台、床、浴室和更衣室家具；Fyrn的凳子；Solid Wool的餐厅椅子；Ligne Roset的黑色沙发；C.I.T.E.的白色沙发

照明 | 灯具的品牌有Obsolete Inc.、Flos、Olde Good Things、Urban Electric

装饰 | 定制的黑色不锈钢屏风；厨房工作台；复古工业玻璃；柚木浴缸；定制钢和玻璃制成的抽油烟机

开放式厨房位于 LOFT 公共空间的东面。图中的岛台是 Union Studio 厨房工作台的一个变形。橱柜刷成黑色。厨房的挡板由白色和黑色大理石组成。

厨房工作台是 *Union Studio* 的 *MARCH* 工作台的定制版本。 厨房岛台顶部由白色橡木制成，还包含橱柜与定制锌水槽。

厨房后挡板是白色和黑色大理石马赛克的组合。台面是肥皂石。由 *Union Studio* 设计的定制导轨和锅架。

大型内置书架由 *Union Studio* 设计。大部分支架以水刀切割钢作为支撑，体现了 *Union Studio* 厨房工作区的精妙设计。餐椅来自 *Solid Wood*。

定制的厨房工作台是 Union Studio 的 MARCH 工作台的变形。凳子由 Fyrn 提供。厨房、用餐区和起居室占据 LOFT 的大部分空间。沙发来自 Ligne Roset。

Obsolete Inc. 的灯具与 *Olde Good Things* 的 *Carrara* 大理石餐桌。

由 *Union Studio* 设计并由 *Argosy Design* 制造的定制门把手。

西办公室位于主卧的一部分，配有胡桃木桌子，复古的 *Eame* 软垫椅子和老式牙医灯。

主卧室位于曼哈顿百老汇街和大琼斯街的拐角处。

质朴的木质床头板后，是来自 Bisazza 的、由马塞尔温德斯（Marcel Wanders）设计的 Frozen Garden 瓷砖组成的瓷砖墙。

主卧室的休息区配有羊毛地毯和
C.I.T.E. 的 Palau Kylian 沙发。

定制钢和复古玻璃组成的隔断是主更衣室和主浴室的入口。钢制设施由 Argosy Designs 制造。

柚木浴缸位于 Union Studio 设计的定制黑色不锈钢淋浴隔断前。

淋浴间两侧均设有入口，配有双淋浴喷头。这些灯具由 RW-Atlas 提供。淋浴屏由 Argosy Designs 制作。

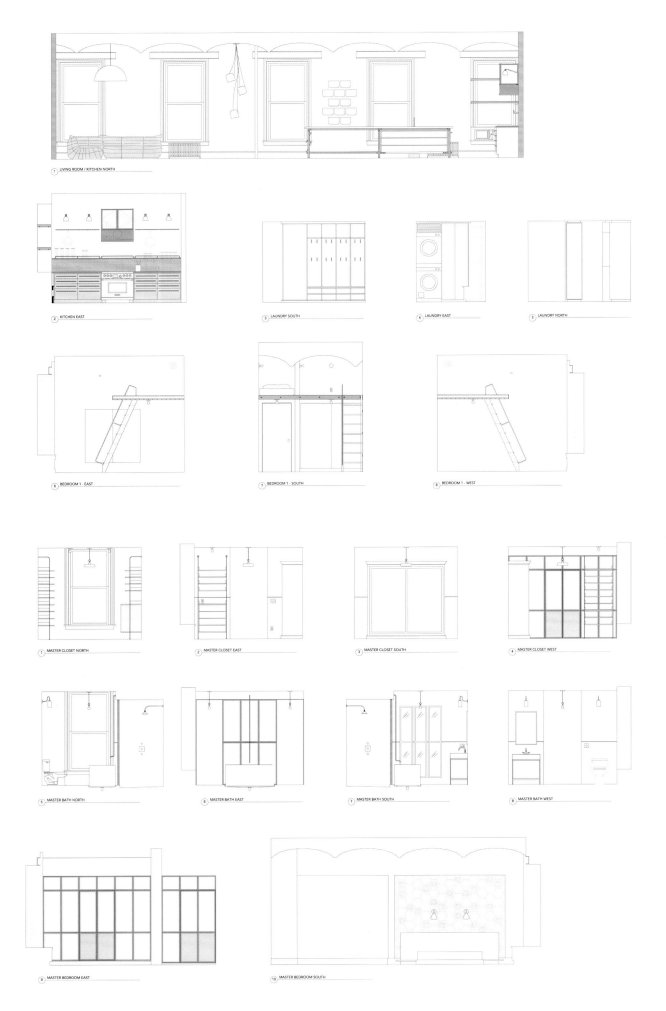

1 LIVING ROOM / KITCHEN NORTH

2 KITCHEN EAST

3 LAUNDRY SOUTH

4 LAUNDRY EAST

5 LAUNDRY NORTH

6 BEDROOM 1 - EAST

7 BEDROOM 1 - SOUTH

8 BEDROOM 1 - WEST

1 MASTER CLOSET NORTH

2 MASTER CLOSET EAST

3 MASTER CLOSET SOUTH

4 MASTER CLOSET WEST

5 MASTER BATH NORTH

6 MASTER BATH EAST

7 MASTER BATH SOUTH

8 MASTER BATH WEST

9 MASTER BEDROOM EAST

10 MASTER BEDROOM SOUTH

最美 LOFT 住宅

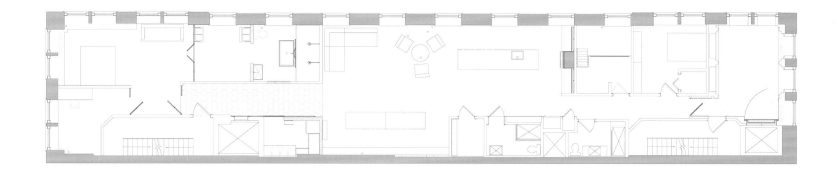

东办公室漆成黑色，也配有复古的 *Eame* 软垫椅子。

定制的钢制装饰墙隐藏了货运电梯。壁灯由 *Obsolete Inc.* 提供。

休伯特街10号顶层公寓

设计公司：ODA New York
项目团队：Eran Chen, Christian Bailey,
Ryoko Okada, Kris Levine

面积：1300.64 平方米
地点：美国纽约
摄影：Frank Oudeman

"休伯特街道 10 号"由 ODA New York（负责人 Eran Chen）设计，将纽约市 Tribeca 街区一座五层古罗马式仓库改为三层复式顶层公寓。这座建筑在其整个历史中变换了几个截然不同的身份：在 1982 年由一家酒商委托建造，后来被一位男爵接管，近几年为一位艺术家购得。目前的业主在 eBay 上购买了这座仓库，他选择设计师 Chen 和 ODA 将其重新开发为公寓和店面。这个计划涉及修复外观，以及在屋顶建造一个 92.90 平方米的凉亭（应地标保护委员会要求，从街上不能看到这个凉亭），并将该展馆与原来的顶上两层相结合，创建一个 1300.64 平方米的三层建筑，供业主居住。

当 ODA 着手设计项目时，这个三层楼下面两层的内墙砖完好无损——虽然需要拼凑——并且原有的天花板梁已修复。外面的砖外墙也已修复，并增加了陶土和褐石的细节。设计师将两层高的起居区域的狭窄钢制过道等新元素精心设计到环境中，还原这个曾经占据主导的典型 19 世纪铁铸建筑。

从美学角度出发，空间特意限制了色彩和饰面（例如，门和窗框被涂成灰色；灰色和白色的法国大理石厚板包裹着浴室；厨房选用黑色枫木饰面橱柜）。打开一扇可折叠的玻璃门进入顶层至露台的娱乐空间，并提供畅通无阻的视线。

作为一个保护项目，休伯特街 10 号背后的目标是将空间回归到原来的设计，但仍能引领 Tribeca 街区的氛围。除了内部完好无损的砖墙外，这栋破破烂烂的建筑的剩余部分几乎没有任何参考价值。

休伯特街道和科利斯特街道整修的外观部分包括叶状模型、檐口和拱形窗户。设计师使用最简的色调，保留原始特征，再更新升级。两层高的起居区的墙上设有钢制带玻璃地板的过道，并设有环绕式图书馆。设计师拆除了古罗马式建筑原来的火灾逃生出口，并重新安装钢质防火百叶窗以衬托科利斯特街道门面的原始特征。最后，原木制天花板横梁也得到修复。为了尊重这个社区的历史，街上行人不会看到屋顶 92.90 平方米的阁楼。此外，建筑还添加了直立锌和钢窗、木门和钢栏杆。休伯特街道 10 号顶层公寓可以总结为"一个得到修复和保护的建筑"，与外部的城市生活建立非侵入性的新关联。

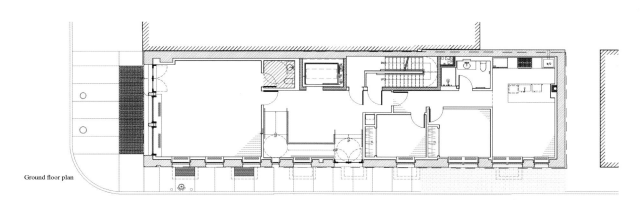

Ground floor plan

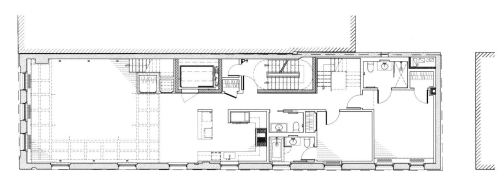

Fourth floor plan

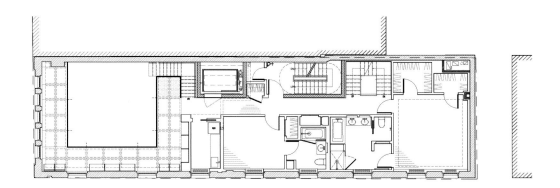

Fifth floor plan

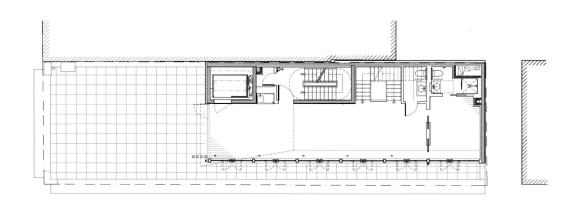

Sixth floor plan

翠贝卡寓所

设计公司: Raad Studio
设计师: James Ramsey (负责人)、
Kibum Park (合伙人)、Sangyun Han (合伙人)
客户: Joon & Arum

地点: 美国纽约翠贝卡
摄影: Robert Wright

前一个 LOFT 项目的客户告诉我们他们正在购买新住宅,来安置人口不断增长的家庭时,我们非常激动。除了是密友,我们还发现 Joon 和 Arum 是出色的设计合作者,和我们有着一样的审美。丈夫 Joon 是一位天才设计师和知名广告公司的合伙人。他的妻子 Arum 是彻头彻尾的武术爱好者,在练习古代剑道的武士剑术。

他们的新公寓在翠贝卡的一栋建筑里,占据了一整层,包含两个 LOFT 空间,由厚厚的砖墙隔开。经过深入调查,我们意识到将这一层分成两半的砖墙实际上是一系列拱廊。这块"老骨头"的发现,尤其是拱门的发现驱动了我们的设计。

我们尽可能地拆除拱廊分明的砖拱,它会让人隐约想起修道院。这些拱门成为主空间的中心,在拱门的另一侧可创建各种趣味空间,这成为一种有趣的方式,能让设计带着好奇心和发现感。广阔的主空间拥有起居区、用餐区和厨房。另一方面,每个拱门都会带来不同的辅助功能空间:媒体室、游戏室、卧室等等。这样我们可以通过将小而舒适的空间与宽阔的主空间并置,来增强规模感。

亮点包括:一系列拱门,每个拱门都配有定制的黑色钢门;儿童"套房"的入口区是特意定制的,呈弧形抛光钢墙雕塑状;可从房子其他区域观察的游戏室,父母可以通过开口观察孩子们的动向;化妆室也经过重新调整,天花板采用镀锡瓷砖,同时做成墙壁和门口的覆层,与精心策划的现代设施形成对比,努力保留空间的固有个性。

1 | PROPOSED PLAN @ 4TH FLOOR
SCALE 1/4" = 1'-0"

国会山公寓

设计公司：SHED Architecture & Design
承包商：Dolan Built
室内摄影：Mark Woods
外部摄影：James F. Housel

西雅图的 SHED Architecture & Design 改造完成了一个面积为 158.12 平方米的公寓，国会山公寓。屡获殊荣的 1310 East Union 大楼由米勒赫尔合伙设计公司为总部位于西雅图的开发商 Dunn + Hobbes 设计，该大楼可容纳 8 栋阁楼式公寓，坐拥周边社区的壮观景色。客户是一对在附近工作的年轻夫妇，他们找到我们公司时，项目原来的布局与日常生活模式十分不协调，入口暴露在外，缺乏存储空间，超大走廊无处隐藏。主要的挑战是为空间添加功能元素，与建筑物原来的混凝土地板色调、镀锌平底天花板以及黑化钢梁和栏杆结合。

SHED Architecture & Design 嵌入混合的纹理、原材料和功能元素，使用混凝土砖、不锈钢板、黑化钢和镜子，巧妙地将原来的工业建筑与新建筑结合在一起。厨房里，柜台延伸出原来的范围，以创建一个受保护的入口和更宽敞的厨房空间。在后挡板和岛台中找到的砖块因相同的材质而被选中，这种材料足以与原生钢材融为一体，而大胆着色的斑马木材表面带来温暖和个性。新厨房拥有宝贵的额外存储空间、内置的微波炉（天花板上悬挂着一个俏皮的"电话线缆"可以提供电力）和四个吧椅。它的顶部容易弯曲，而 4.7 毫米的不锈钢板柜台侧面的水槽不受厨房日常使用的影响。本地设计师 Brian Paquette 的几何壁纸为空间增添了微妙的质感和动感。

扩建的厨房建造了一个半遮挡的入口，穿过门廊，视线逐渐延展开来。位于延展线上方的开放式橱柜可以放置私人物品，并将光线折射进入口；下面的长椅可作为鞋柜，而一面镜面墙壁将来自客厅窗户的光线反射到空间的中心。"这些功能元素是我们在设计新空间时所考虑的的，这是我们所有项目的一贯主题。"SHED Architecture & Design 的负责人 Thomas Schaer 说。

楼梯下方，钢质基线板被钢板取代，营造了一个持久的存储空间放置自行车。存储空间是整个 LOFT、尤其是主卧的突出问题。 SHED 团队设计了一个轻质的穿孔钢外壳，在保持原始布局的开放性的同时定义了衣柜空间。楼上新改建的阁楼的意图是相反的；先前暴露的阁楼空间通过半透明的 3Form 墙板和一堵框墙围合，以新建一间客房和额外的存储空间。原材料和精准的元素精心结合，解决了实际问题，同时建立并丰富了建筑的原始美学，使得空间添加了原生的凝聚力。

此次改建是由公司的长期合作商 Dolanbuilt Construction 精心实施。

最美 LOFT 住宅

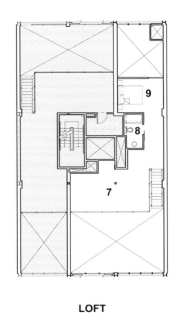

LOFT

MAIN LEVEL

1 entry foyer
2 kitchen
3 living/dining
4 bathroom
5 closet
6 bedroom
7 studio/office
8 bathroom
9 guest bedroom

-8' 0' 8' 16' 32'

男士寓所

设计公司：Daniel Hopwood
面积：130 平方米
摄影：Andrew Beasley

设计师说明：

由于这儿已经有另一个单身汉的公寓，设计师必须为 Hopwood 工作室的单身公寓设计赢取名声。年轻男性通常不会带着太多行李，他们想要的是一个完全适合他们的家。我们很高兴能与 Chris 合作，他对我们来说是一个完美的客户。他的要求很明确，想要一个有着阳刚之气、适合他的生活方式的住所。这间位于伦敦市中心的公寓专为娱乐、独居、在外或在家工作的住户而设计。《CQ》杂志也非常喜欢这个项目，将其作为理想的男士公寓刊登在 2017 年 3 月的期刊上。

设计师推荐的项目亮点：

多层电视墙、暗黑的走廊、Timorous Beasties 艺术品、浮床（男性最爱）

最大的挑战：

客户并不喜欢彩色。

／ 现 代 风

2. 现代风

与工业风相对的另一风格，便是现代风。从硬装到软装，现代元素充斥着整个空间，但也会伴有少量的工业元素作为点缀。

(1) 多样的类别

现代风与工业风是一个对比鲜明的组合，相比工业风，现代风的细分种类会稍微多些，例如现代简约、现代时尚以及现代北欧等。但总体而言，所呈现出来的效果为：现代、简洁、舒适和明亮。

(4) 少量的工业元素

在现代风的LOFT中，有的设计师也会因特意追求工业质感而使用有少量工业元素装饰，但通常都会经过二次修缮或重新设计，例如重新粉刷的砖墙、横梁等，比如下图的白色砖墙。不过若想保持现代的质感，工业的元素也不宜过多。

设计公司：*SMLXL*

设计公司：*Anchal-Anna Kuk-Dutka*

(2) 质感的追求

现代风追求将空间元素、色彩等装饰材料缩减到最小，达到以少胜多，以简胜繁的效果。元素少了，但对质感的要求就增加了。使用大量钢化玻璃、不锈钢、黄铜、大理石等材料，空间也变得更为前卫和时尚。

(3) 浅色为主，黑白搭配

为了突出干净的质感，白色与黑色是现代风格中最常用的两种颜色，但整体色调还是以浅色为主。白色让人感觉简洁时尚，配以设计师精心的设计，更将现代感表露无遗。白色光面以及灰镜为常用材料，有助于打造时尚、亮丽且整洁的空间。

设计公司：*Me2architects*

(5) 功能性家具

在有限的空间内减少压抑感是非常重要的，因此在现代风格的空间内，家具的选择通常以实用为主，强调功能性的设计，减少无意义的装饰，追求简约流畅的线条。

(6) 简单的装饰元素

因为现代风追求简单、明快、清爽的氛围，装饰图案的选择上也是有所讲究的。不宜选择花纹图案过多且颜色过深的软装饰品；花纹以简单的线条为主，颜色也是浅色居多。

多采用金属、玻璃等线条感强的现代工艺品，例如几何图形的花器、灯具等。装饰画则以抽象图案、几何图案、黑白灰系列为主，线条流畅且具有空间感。

现代前卫的灯饰

LOFT F5.04

波兰绿色寓所

邦德街LOFT

河畔公寓

Ay

比蒂街寓所

比蒂街寓所

波兰绿色寓所

设计公司: Anchal-Anna Kuk-Dutka
设计师: Anna Kuk-Dutka
地点: 波兰莱格尼察
摄影: Meluzyna Studio

原建筑是俄罗斯军队在战后占领波兰期间使用的一排混凝土车库之一。

我们与新业主商定保留建筑物的所有原始元素，而不是抹掉它们。

LOFT 的主人是一位女法官，一个喜爱读书和有着艺术灵魂的天才。她喜欢为她的众多朋友举办派对。

我们不想赋予阁楼任何特定的风格。但我们选择了一种更加兼收并蓄的风格，利用许多珍品填充空间，整个空间更富格调。我们找到了一张十九世纪的法式餐桌，与宜家的椅子摆放在一起。客厅中央舒舒服服的沙发和秋千座是其中一个主要特色。除了当代抽象画外，墙上的经典基督画像营造了奇妙的效果，而古典石膏雕塑与绿色天花板的组合分外成功。

设计师使用许多不同色度的绿色作为主色调，从开心果木厨柜到浴室里的绿灰色墙壁，起居室内绿意葱葱的绿沙发以及客房内的深绿色传统型门户和深绿色天花板。

最终的效果和新环境让客户觉得非常满意。

- **硬装**

  墙壁 | 灰绿色墙壁

  天花板 | 深浅绿色的天花板

  地板 | 白色橡木

- **软装**

  家具 | 十九世纪的法国餐桌、宜家的椅子、开心果厨柜、草坪绿的沙发

  装饰 | 经典的基督教画像、梯子、秋千

客厅设有旧壁炉和东方情调的地毯。

整个客厅的视图。

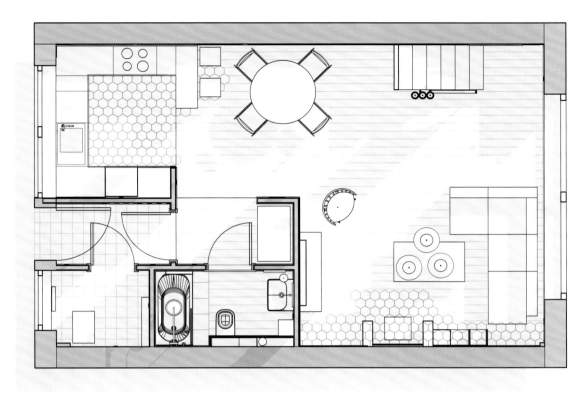

手工制作的电视柜。

一层

餐厅里的老旧法式餐桌。

夹层的工作区。

经典的 Oluce Atollo 台灯。

卧室的绿色天花板和混凝土墙壁。

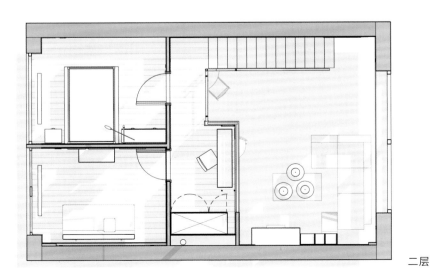

二层

薄荷绿的浴室。

老式工业风水龙头。

伦敦西LOFT寓所

设计公司: Milward Teverini
摄影师: Paul Teverini

我们的客户在伦敦的一栋爱德华时代的家族大房子居住很长时间后,打算寻找小一点儿的住宅,开始全新的生活。客户在一栋备受追捧的改造工厂建筑内购买了一间一楼的公寓。

Milward Teverinis 的设计纲要旨在为客户重新创造一个线条简洁、富有现代感且易于打理的空间,并最大限度地发挥空间的作用。然而,客户要求空间既温暖又有质感,还要兼具工业风,以向建筑的工业历史致敬。

房屋的核心特征是双层高的天花板和原始的落地窗,但装饰非常乏味不讨喜。这间公寓最初确实有一个宽敞的开放式客厅,但空间没有定义特定功能,也没有被充分利用。它有一个非常小的厨房和一个狭窄的浴室,缺乏存储区、用餐区。由于客户是电影制作人,存储空间也是关键部分之一,因为需要存放大量的摄影设备,我们需要提供一个巧妙、安全的方案。

● 硬装

墙壁 | 镶板、瓷、人工涂料和材料

天花板 | 外露的灰色钢材横梁

地板 | 漂亮的浅灰褐色木质地板

格局 | 将公寓剥离回一个纯粹的外壳并设计一个夹层

其它 | Crittall钢制窗户

● 软装

家具 | 一张年代久远的锌质餐桌,色调温润光亮;定制的长椅上使用带有大胆图形纹案的织物;复古风格的餐椅与温暖的皮革

照明 | 建筑线条感的壁灯

装饰 | 带有纹案的灰色靠垫,人造皮草和斯堪的纳维亚风格的灯具配件

颜色 | 深灰色、白色和中性色、光感黑烟灰色

接待室 / 餐厅: 大型开放式空间,以灰色橡木地板和 Crittal 风格原创钢制窗户为特色。

温暖的横向木镶板从地板延续到墙面，增加沙发背后的质感。

从起居区域到夹层的定制阶梯。

定制的厨房内有着深灰色的石制工作台面和炭灰色油漆橱柜，橱柜带有开放的置物架，以增加趣味。

我们将公寓剥回"空壳"，以便创建一个新的布局，反映客户新的生活方式。我们设计了一个夹层，通过一个隐藏在走廊橱柜内的伸缩楼梯从公寓的一侧进入，从而在上方提供所需的封闭且安全的储藏空间。在公寓的另一侧，夹层还可通过起居区的定制楼梯进入。这可作为不常用的书房以及对楼下生活空间的衍生区域。随后，我们建造了宽敞的主卧套房；第二间家庭浴室以及连接厨房和餐厅的大客厅，并提供定制的橱柜方案和存储空间。

为了满足这个简单要求，项目采用了源自 Farrow、Ball 以及 Little Greene 的炭灰色、白色和中性色调，宁静而现代，所有定制的衣柜和橱柜也指定使用这些颜色。

室内装修保持极简，以维持稳重和平衡感。设计师使用瓷器、人造材料等使公寓易于维护，同时通过添加漂亮的浮木彩色木地板来确保温暖的质感和更多的有机触感。厨房随后巧妙地延伸、呼应木制主题。

设计照明系统时，为了保持原厂房的感觉，我们使用原始的钢横梁并安装 LED 用于天花板照明，使用工业装饰风格的配件，走廊壁灯的建筑线条标出和定义空间，营造了特别的效果。

厨房全部由 Milward Teverini 设计定制，采用时尚的黑色、烟熏灰色，与其他地方使用的鲜白色和暖灰色形成鲜明对比。

家具包含了一些美丽的定制品，尤其是老式的锌餐桌，以温暖的抛光色调与用于宴会定制用餐区和复古风格餐椅的暖皮革和大胆的图案面料完美互补。

我们认为除了简单回应客户的需求外，这个项目还为他们提供了一种全新的生活方式。设计能够提升生活质量，它改变了居住者在空间中的生活方式，而且也是在相对适中的预算下实现的，在美学和实用方面都可称之为妙。

简单的垂直带状镶板与壁灯的建筑线条为平淡的空间增添了细节和纹理，镶板上的挂钩作为设计的一部分，方便垂挂衣物。

主卧：房屋采用裸露的天花板钢梁。特色的 LED 照明，沿墙而设的暖灰色定制橱柜提供了必要的存储空间。

主卧室：灰色的镶板拼成床后的床头板，高高的天花板被一幅巨大的定制中性色调壁画分解。

项目最特别的 / 关键的方面

由于公寓的天花板很高，我们强烈地感到，墙壁需要一个装饰装置来调整比例，并打破墙壁过高引起的空旷感，因此我们引入了镶板的使用，以增加细节和质地。走廊里，简单的垂直条形镶板为以前平淡无奇的空间增添了趣味，同时可以作为实用的挂钩挂外套。镶板主题延续到主卧室，在那里我们设计了一个镶板墙，以一种多变的深灰色拉伸房间的宽度，并形成床头板。顶上由一幅巨大的定制壁画、柔软的灰色书法作品和地图填补墙面，为硕大的墙面提供了大气磅礴的背景。在起居室里，温暖的镶木地板继续延伸到墙壁，为沙发后方增添了质感。

Milward Teverini 为客户管理整个项目，协调所涉及的各种交易。最终设计出一个美丽而低调的空间，平静而有现代感，保留其工业特点，完美地回应了客户的需求。

设计如何整合到更广泛的环境中

我们在设计中小心翼翼地尝试并以微妙的方式反映建筑的工业历史。我们首先考虑的是我们的设计必须与原始的落地钢窗匹配。这是我们设计的出发点和灵感源泉。

项目涉及的专业工匠技能

我们雇佣了一家伦敦的专业木工公司。他们按照我们的设计要求制作了所有定制的细木工物品，包括所有的衣柜、橱柜、墙板细节和楼梯。

主套房浴室：以白色复古瓷砖为背景，用炭灰色定制橱柜和大规格的灰色石砖进行空间强调。

东村寓所

设计公司: Shadow Architect
首席建筑师: Larry Cohn, RA
项目建筑师: Aaron Vanderpool, RA
地点: 美国纽约
摄影: Elizabeth Lippman

东村寓所所在地原本是一家小医院，仅占据一小块地方，面对着历史悠久的圣马可教堂。在 20 世纪 80 年代，就已经被改造成一间公寓。现在，Shadow Architects 重新设计和整修了布局，在公寓的尽头建造了一间新的主卧和一间三面都有窗户的大房间，突显了原有建筑的广阔空间。通过一个大门厅进入公寓后，穿过两扇大门，进入划定的卧室走廊，随后进入另一个主起居区。厨房、休息区和用餐区都融合在这个宽敞的大空间里，崭新的金属玻璃门后面有一间相邻的书房。

业主和他们的室内设计顾问从设计伊始便积极参与到设计理念和材料的讨论中来，对装修的可能性进行了大量研究，并牢记项目的预算。团队最终选定了一个简单的深色木地板、白色墙壁和橱柜，随后精心挑选、添置了餐厅灯具、金属玻璃隔断以及客厅内带超大茶几的矮沙发等。新的空调和视听系统经过精心设计，以最不引人注意的方式连入空间，不影响干净的视觉效果。

● **硬装**

墙壁 | 废弃医院的墙壁重新涂上白色

天花板 | 混凝土和石膏梁，涂以白漆

地板 | Listone Giordano的宽板和工程木板

格局 | 重新设计布局，形成一个宽敞的房间，三面窗户作为中心，一个新的主卧套房和其他房间位于中央走廊两侧，穿过走廊来到空间中心。

● **软装**

家具 | 低矮的沙发和超大的咖啡桌为客厅创造了一个中心点，用餐区位于客厅对面，配以木桌和工业风灯具。

照明 | 宽敞的客房配有Flos & Artemide照明设备。

来自 Zanotta 和 B & B Italia 的低矮家具形成客厅区域，位于空间的一端。

Leicht 的白色橱柜和黑色的混凝土台面有意从视觉上缩小厨房的面积。

从超大的窗户向外望，能看到街对面的圣马克教堂（St. Marks Church），成为视觉焦点。

金属和玻璃门作为隔断，将书房隐藏起来。

餐厅上方悬挂着 Flos 的雕塑灯具。

超大的入口门厅，穿过走廊，可以看到远处的大空间。

专为盥洗室定制的壁纸。

菲茨罗伊仓库

设计公司: Spinzi

在 Spinzi Design 设计工作室的意大利室内设计师 Tommaso Spinzi 的指导下，菲茨罗伊仓库从一个上世纪 80 年代的空间被改造成一个时尚的现代化居所。

"该项目位于墨尔本时尚的菲茨罗伊郊区的一个旧仓库内，" Tommaso 说道，他在整修过程中使用了定制细木工、意大利瓷砖，皆以黑色调为主。

"业主愿意在项目中投入一些资金，并且很尊重建筑的起源，" Tommaso 说，他沿着厨房的哑光黑色橱柜设计了一个混凝土外观的台面，这样显得较男性化。

"不是每个人都想要黑色的厨房，但黑色的厨房确实很独特，反映了仓库周围环境的风格。浴室中的地铁砖也与工业感齐头并进。这让人联想到纽约时尚的切尔西公寓，" Tommaso 说。

除了时尚的黑色凤凰牌水龙头、意大利大理石六角形地砖和金色的木质圆形毛巾挂钩，浴室还安装了天窗，作为检修的一部分。"业主想要大量光线，所以我们削掉部分屋顶，让光线进入浴室，" Tommaso 说。

● **硬装**

地板 | 木地板重新打磨并涂上新的抛光蜡

格局 | 浴室全面翻新，厨房翻新，添加黑色镶板和不锈钢顶柜

● **软装**

家具 | 中世纪的家具和斯堪的纳维亚风格的配饰

装饰 | 墙上挂着Dion Horstmans的艺术作品

在楼梯上看起居室。

整修更重要的方面是对现有木地板的改造。地板主要使用金黄色木材。这明显是八十年代的风格，很光滑，所以设计师用黑色点点染了原来的地板，覆盖难以消除的黄色。

设计师更喜欢将人们的生活方式视为一个整体。

从厨房看向起居空间。

从沙发区看向厨房区。

配有岛台的厨房，充满黑色细节。

从顶层俯瞰楼下的起居空间以及一直通向阳台的夹层过道。

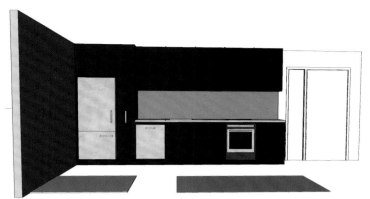

浴室细节，展示了定制的洗浴设施，以及两面小窗和它们中间的镜子。

厨房的设计概念和草图。

浴室淋浴屏由玻璃板和镀铝框架制成，
与建筑中带有工业设计感的窗户相呼应。

北京留云草堂

许宏泉老师是位画家，也是位既会书法，又会写书，又擅长文学评论的文人。许老师经人介绍找到我们，给他做这个怀柔桥附近的某金属材料厂的厂房改造。改造成他的工作室，也是他未来的家：留云草堂。

通过和许老师的交谈，我们明晰了工作室的基本功能，无非就是工作室、茶室、卧室、书房等典型的艺术家工作室的配置。基地也是典型的条状坡屋顶砖砌厂房，之前作为工厂办公楼使用。厂房高度约 6 米，屋顶为三角形钢桁架结构，整体保存状况良好。对于我们来说，项目的特别之处在于，许老师是同时受过东西方教育熏陶的文人，他既在大学里和年轻的孩子们一起搞艺术评论、美术史研究，又先后师从罗积叶、黄叶村、石谷风先生研习书画和美术史。所以他不是一个"传统"的画家，因为他不仅仅画画，他的文名甚至会盖过画名。但他骨子里又是个传统文人，默默坚守着中国传统文化里的文人气质和精神世界的生活。

我们发现他在功能的需求上，点明了需要一个油画室，还需要一个国画室。两个分开的不同氛围和场景的画室。我们在这份独特的任务要求中，找到了我们的切入点：透视，这个典型东西方绘画中最大的不同点。

设计公司: officePROJECT 普罗建筑工作室
主持设计师: 常可，李汶翰
设计团队: 张昊，赵建伟，谢东方，崔岚
地点: 中国北京
场地面积: 1200 平方米
建筑面积: 800 平方米
摄影师: 孙海霆

● **硬装**

墙壁 | 白色墙壁

天花板 | 高六米，屋顶采用三角形钢架结构

地板 | 灰色石砖

格局 | 这是一间艺术工作室的典型配置，包括工作室、茶室、卧室、书房等。

● **软装**

家具 | 客户收集的旧家具

照明 | 管状灯、射灯、枝形吊灯

装饰 | 由客户创作的中国艺术作品

画室。

画室的北墙。

入口画廊。

前厅。

顺着这个透视的线索，我们设计了一种嵌套式的生活场景。通过一系列心理分析。我们提出了一个艺术家的心理空间图示。在这个图示中，我们将人最基本的睡眠，饮食等生理需要放在中心位置，中间一层为会客厅，用于展示等社交需要，最外面一层为画家最重要内心的艺术追求与需求的空间。如果将这个心理空间关系直接投射到建筑空间的布局上，我们可以创造出一个嵌套递进的空间结构。通过房间角部的出口，人们从一个房间进入另一个房间，通过每个角部的开口，形成一条贯穿建筑的视觉通廊。因为这种嵌套式的平面布局，每一层的空间都包裹着另一层，到达一层空间需要穿越另一层空间，它们当中发生的事情都被另一层影响和观看，也同时彻底消灭了走廊的概念。

这种空间不免让我们联想到传统水墨画中的场景，如宋朝画家周文矩的《重屏会棋图》，四个男性围成一圈下棋或观弈，在他们后方有一扇屏风，屏风中又画着一个人在一扇屏风前的榻上被几人服侍。而第一扇屏风上的这幅场景的透视角度使人看起来就和前方会棋的几人处在一个空间内，使人难以分辨屏风到底是一幅画还是空间的一个门框。有趣的是，这幅《重屏会棋图》最初也是裱在一扇屏风上面。这样就形成了画中之画，框中之框的三层嵌套关系，无法分清那个是真实空间，哪个是再现的想象空间，形成了"重屏"的效果。

我们的这种空间布局也是意欲再现这种"重屏"之境。

由于厂房的周围被大量林地包围，许老师希望能把卧室和书房搬到二层，这样就能欣赏到窗外美景。于是我们原本希望在厂房内部解决改造的希望就被打破了。在这个改变之下，我们希望在加高的部分植入新的秩序来回应新的需求，我们采取了变坡的处理方式。一方面是因为高起的二层没必要再采用坡屋顶，这样会让高度过高，显得突兀。同时无法让加建部分和原有厂房历史形成某种区分和对话关系。透视的主题也由这个外在的形式暗示扩展到了二层。另一方面，我们也觉得通过变坡的方式是对传统意境的一种转译，我们想象着在雨中，雨水落在由缓及陡的屋顶上，自由地洒向院子。借由着这个坡屋顶，搭建出一个水与重力表演的舞台。这个坡顶，一开始我们打算做成一个纯粹的双曲面，但是由于厂家工艺和造价的限制，最终我们选择了分段折面的屋顶形式，期间为了保证工艺还做了一次一比一的构造试验，最终完成了这次有意义的从理想到现实的建构"翻译"。

最后，我们在"透视化的平面布局"和"变坡屋顶"之外，就没再做更多设计上的大动作了。屋外的园林，屋内的大量陈设，墙上的画作等都是按许老师自己的意愿进行的布置。这种大胆的设计上融合了设计师和甲方的意愿，就像是我们搭好了一个戏台，又或者说就像是传统水墨画的"留白"手法，让中国传统文化元素在这里得到充分的展示。

茶室。

工作室画廊。

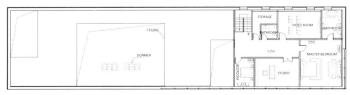

SECOND FLOOR PLAN

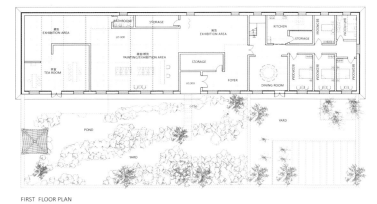

FIRST FLOOR PLAN

平面图

剖面透视图

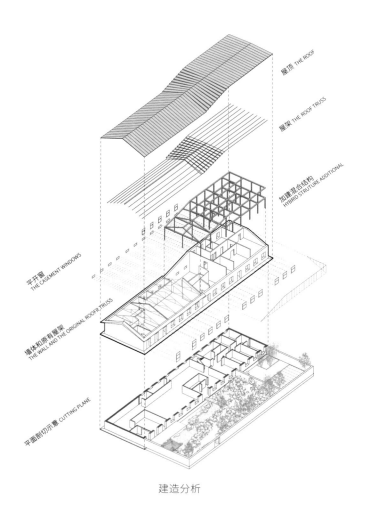

建造分析

屋顶构造分析

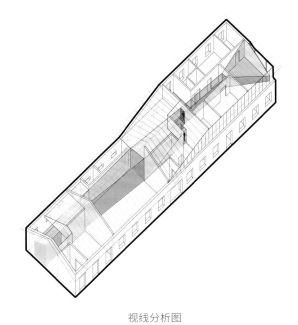

视线分析图

河畔公寓

设计机构: Interjero Architektūra (In Arch)
设计师: Indrė Drorofjūtė
地点: 立陶宛维尔纽斯
摄影: Leonas Garbačauskas

这间豪华而现代的两层公寓位于立陶宛维尔纽斯,由建筑工作室 Interjero Architektūra 设计。设计师精心组合了大理石、木材、皮革和有着丰富质地的种种材料,装饰融合了现代舒适与奢华,不同色彩、不同明暗的灯光交织在一起。

一楼设有开放式厨房和客厅,以现代而舒适的设计语言进行装饰。天花板外露的混凝土板与华丽的镶木地板（遍布整个公寓）形成鲜明对比,家具融合了流行的黑色、纹理以及时尚的木材元素。设计师对细节的关注包括采用了现在热门的黄铜元素和设计师灯具、品牌家具和现代家电。

二楼设有卧室,儿童房的定制家具和主卧中央漂亮的床（明黄色的床头、底座和低调的灰色组合对比）营造了友好的氛围。大理石浴室选择有着 3D 图形的瓷砖,添加了时尚的黄铜和木材元素,更显奢华。楼梯和走廊的内饰设计方案非常有趣,而天花板上原有的木制品和木门散发着旧时代的复古魅力。设计师将丰富的纹理、时尚的细节和精致的材料组合在一起,组成了一个现代化而温馨豪华的住宅。

- **硬装**

  墙壁 | 3D图形拼贴、大理石瓷砖

  天花板 | 外露的混凝土板

  地板 | 华丽的镶木地板

- **软装**

  家具 | 流行的黑色、纹理以及时尚的木材元素

  照明 | 隐藏式LED灯、配以黄铜细节的装饰灯具

  装饰 | 黄铜和木材

配有舒适沙发的客厅。

4187-16

客厅和厨房。

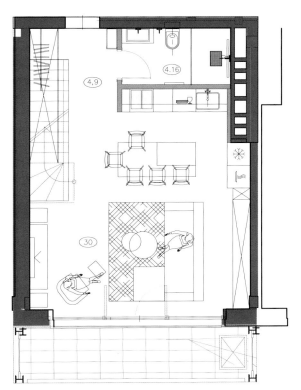

BENDRAS PLANAS 1a.

厨房里的现代风灯具。

儿童房（6岁女孩）。

通往屋顶的楼梯。

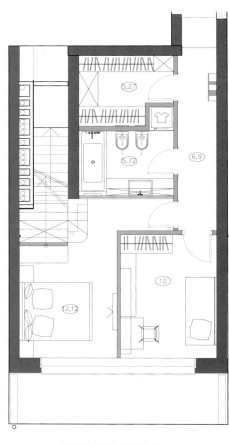

二层楼梯。

BENDRAS PLANAS 2a.

卧室。

一层淋浴间。

二层卫生间。

LOFT TOWN

设计公司: Interjero Architektūra (In Arch)
设计师: Indrè Drorofjūtè
地点: 立陶宛维尔纽斯
面积: 85 平方米
摄影: Leonas Garbačauskas

Interjero Architektūra (In Arch) 是来自立陶宛维尔纽斯的室内建筑师，他完成了这个占地 85 平方米（约 915 平方英尺）、斯堪的纳维亚风格的空间。这个名为 LOFT TOWN 的空间为一对年轻夫妇设计，他们追求的是舒适而现代的设计，最终成品等都体现了这一理念。

起居室有两层楼高，两侧的窗户可引入最多日光，堪称最佳设计。

一楼设有厨房、餐厅和起居区，垂直板条后设有入口。

色调相当中性，白色墙壁、灰黑色元素以及木质细节饰以明亮的绿松石椅子和脚凳。

厨房和用餐区上方为卧室，卧室落在落地玻璃后。内壁的锅炉和墙壁不平，厨房橱柜大小不一，但看起来像是特意设计的。楼梯下方的空间提供了额外的存储空间。楼上设有卧室、工作间和小浴室。床头板极具特色，延伸到墙壁和天花板上，并配有照明设备。

● **硬装**

墙壁 | 木材

天花板 | 混凝土、木条纹

地板 | 橡木地板

通往二楼的木质楼梯。

卧室里的木条纹装饰延伸至天花板，并将灯隐藏于其中。

两层楼之间的空间。

卧室。

浴室。

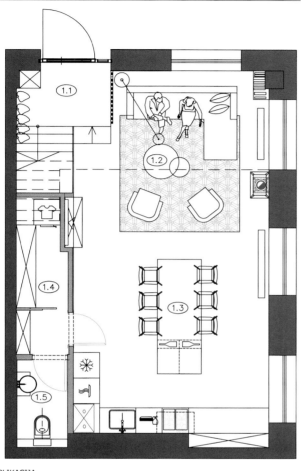

PATALPŲ EKSPLIKACIJA

NR.	Patalpos pavadinimas	Plotas
101	Holas	2.00 m²
102	Svetainė	15.09 m²
103	Virtuvė- valgomasis	22.15 m²
104	Sandėliukas	4.17 m²
105	WC	2.37 m²
106	Holas	4.32 m²
107	Miegamasis	13.66 m²
108	Darbo kambarys	9.95 m²
109	Vonia	5.92 m²
	PLOTŲ SUVESTINĖ	79.63 m²

BENDRAS PLANAS

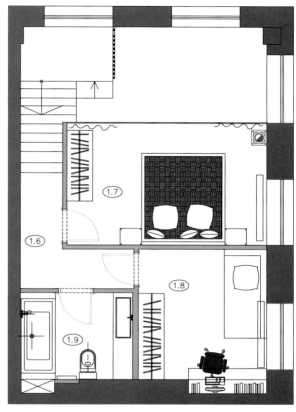

PATALPŲ EKSPLIKACIJA

NR.	Patalpos pavadinimas	Plotas
101	Holas	2.00 m²
102	Svetainė	15.00 m²
103	Virtuvė- valgomasis	22.15 m²
104	Sandėliukas	4.26 m²
105	WC	2.37 m²
106	Holas	4.32 m²
107	Miegamasis	13.66 m²
108	Darbo kambarys	9.95 m²
109	Vonia	5.92 m²
	PLOTŲ SUVESTINĖ	79.63 m²

BENDRAS PLANAS

舍索克公寓

设计公司：platau
建筑师：Boulos Douaihy
面积：250 平方米
摄影：Wissam Chaaya

项目管理：Frameworks
自动化：Chrestron by "Strong corp"
照明设计：PSLab

舍索克公寓内部为线性错层结构，是其最有趣的空间特色。公寓包含双层高的接待空间和两个单层高的卧室；并延伸至"剪刀状"的阳台，重新定义了建筑的外观。

通过露出沿公寓延伸的混凝土架构墙来强化空间布局，"线性"成为了公寓一大特征——多面钢质"脊柱"的背景。

这个新引入的钢脊勾勒出公寓的线性循环、表面特征以及空间感。它将楼梯下部与夹层楼板融合在一起，使夹层和下面的厨房朝向接待处。在接待处，钢脊在狭窄的过道伸出，俯瞰一侧的起居区和另一侧的双层高书架。它与楼梯架构上的接待层重新连接，顶部设有一个薄薄的钢扶手，充当了狭窄过道上的架子，并配备有阅读灯。

入口处的木质小龛、水平木架子和照明装置等入时的元素使混凝土墙和钢脊变得生动活泼，将空间分为亲密的个体而不破坏整体的完整性。

- **硬装**

墙壁 | 清水混凝土、白色油漆、背光白色玛瑙

天花板 | 白漆

地板 | 灰色大理石，法国橡木工程木

夹层延伸于整个复式空间中，发挥着夹层和图书区的功能。

深灰色夹层钢架与白色的厨房和墙面形成对比。

入口就像一个木质神龛，安置在清水面混凝土的黑色后墙间。

楼上使用了法国橡木工程木材，搭配深色家具。

木材包覆的入口空间装饰有一个封闭的
矿物小花园。

儿童卧室带有法国橡木墙架和书桌，上面摆放着客户的乐高收藏。

主卧带有粉刷过的后墙、木地板和步入
式衣橱。

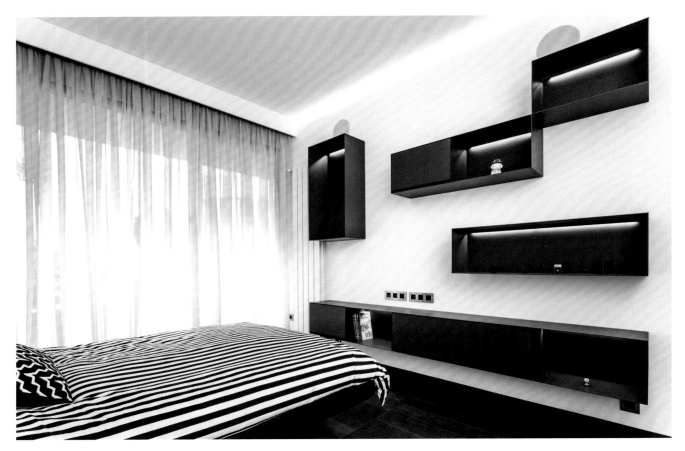

儿童卧房配有深灰色钢制盒子，上面镶有可变换颜色的 LED 灯。

主卧浴室以哑光黑和白色陶瓷进行装饰，亮点在于刻印在黑色树脂墙上的玻璃白树。

儿童浴室以白色哑光陶瓷进行呈现，搭配带着胡桃木台面的洗脸池。

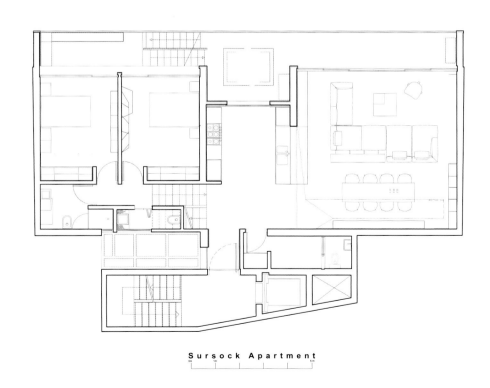

S u r s o c k   A p a r t m e n t

FIRST FLOOR PLAN

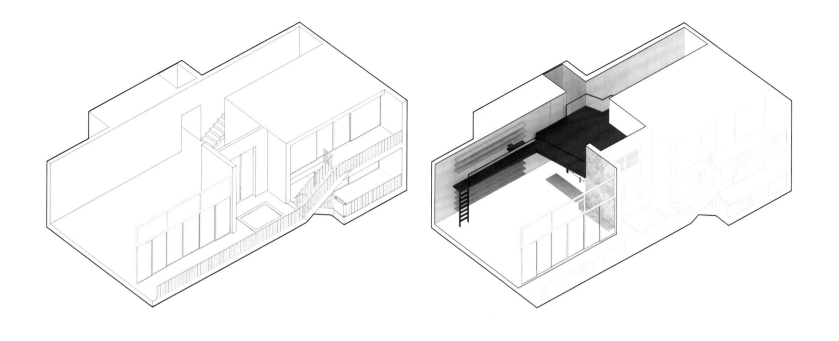

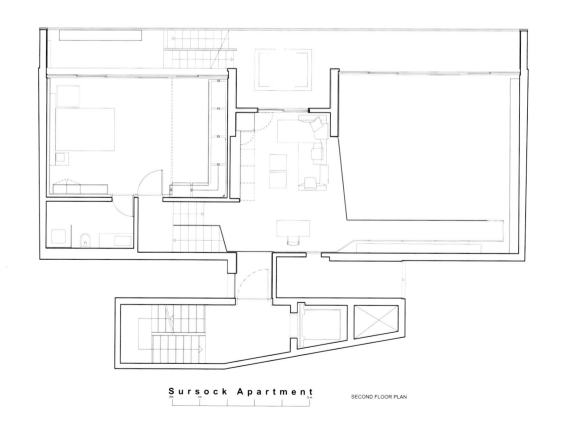

Sursock Apartment

SECOND FLOOR PLAN

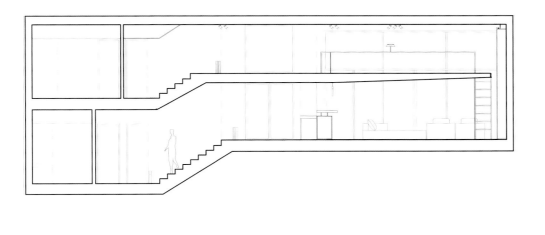

Sursock Apartment

0m 1m 5m

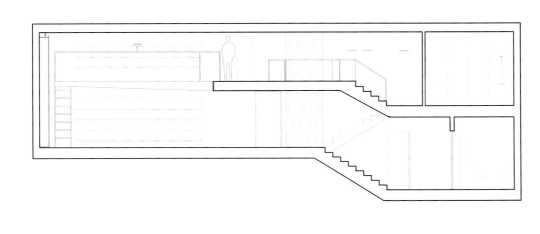

Sursock Apartment

0m 1m 5m

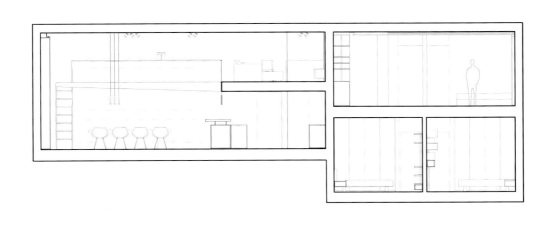

Sursock Apartment

0m 1m 5m

广角公寓

设计公司：Studio for Architecture and Collaboration
地点：加拿大多伦多
面积：51.1 平方米
摄影：多伦多 Andrew Snow Photography

我们受托为一位年轻的专业人士设计一个工作室阁楼空间，这个公寓位于加拿大多伦多市中心，需要一些既有趣、又实用且独特的东西。我们围绕着我们称之为"床箱"的基本部分，制定了一个方案，这个部分有着宽敞的入口和随意变化的高度。这为睡眠区的设计提供了方向，与 LOFT 其余部分使用白色调和胶合板墙面封套相反，睡眠区需要有温暖的氛围。这种温暖是通过地板和胶合板包装材料来实现的，在你步行其中时吸引你驻足观看。最初的研究发现这个部分有多种形式、方向和材料，但设置成简单的拱形以呼应客户的背景、旅行经历和个性。这影响了窗帘轨道的形状，平面中的轨道采用拱形，另一个垂直方向上的也如此。这种微妙的线索将两个部分联系在了一起，一个坚固稳定，另一个轻盈动感。

我们在"床箱"前利用高度隐藏了睡房、衣柜空间和储物空间更私密的功能。设计师以纯建筑的方式使用它，它成为一种定义空间、提供隐私和阻隔声音的方法，所有这一切都促使它愈加突出，并转化为焦点。这种空间游戏提供了功能性和美学上的灵活性，使得相对较小的工作室阁楼有开放的感觉，与此同时将睡眠区隐藏起来，营造舒适的氛围。

● **硬装**

墙壁 | 彩绘砖

天花板 | 3.2米高的木头天花板

地板 | 抛光混凝土

● **软装**

家具 | 床箱

敞亮的开放式厨房搭配黑色墙面，强化对比与深度感。

客厅和厨房区，以及沿着窗墙而设的无缝式"工作台"。

这个单元的外壳由灰色砖块组成，我们将其涂成白色，与窗户墙和厨房岛台上的新"工作台"无缝融合。无论客户是在这儿工作、展示艺术品还是举办派对，都可灵活、长久地使用。厨房的后墙用黑色重新进行加工，从视觉上逐渐脱离了厨房和床箱。

我很开心能参与设计，因为客户是一个有趣、开放而热情的人。虽然预算相当有限，但我们却有力图建造出有个性、特点和灵活的东西。

L 型的起居空间始于入口，穿过精细制造的分隔墙。

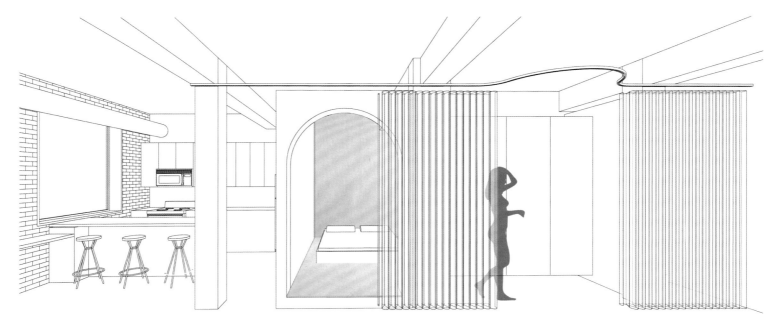

剖面图

带有宽敞拱门的木制床箱成为客户的卧房。

平面图

从卧室望向客厅。

从入口望向整个空间。

LOFT F5.04

设计公司: SMLXL
负责人: ing.arch. Klára Valová
地点: 捷克布拉格
面积: 138 平方米
摄影: BoysPlayNice

● **硬装**

墙壁 | 墙绘、混凝土

天花板 | 白色天花板

● **软装**

装饰 | 定制秋千、混凝土钟饰、混凝土边桌

　　我们第一次参观公寓时，惊讶而不悦地发现尽管开发商致力于保留原有设计，工业设计却已被塑料窗户取代。由于这个公寓在角落处，窗户在室内扮演了重要角色，不幸的是，尽管窗户的尺寸非常大，但它的整体特征已被改变。我们的目标是恢复该公寓的工业氛围并抑制塑料窗户带来的影响。

　　主要居住空间尽可能向入口区域开放。设计师让中央的柱子，以及从中引出的肋拱占据优势位置。它们构成了整个建筑的基本构造，并在天花板上创建了一个有趣的结构。这个结构对公寓整体非矩形的形状产生影响。我们设计地板时也追求这种不规则性，这种不规则性由两种材料打造，即撒渣面层和木板，具体由地板功能决定。设计师在入口大厅、厨房、走廊、房间和摆放电视机的主客厅使用撒渣面层。地板的接缝沿着肋拱的方向。由于原来的钢筋水泥建筑将肋拱隐藏起来，公寓看起来干净明亮，但主导色彩为白色。电视机后面的起居室和家具仅在边缘使用裸露的混凝土。

特制的厨房岛台通过秋千与餐桌连接，并没有选用常用的酒吧凳。

F5.04 印在混凝土电视墙上。

居住空间的主要特色为一个混凝土厨房（设计师将厨房比作岛屿）。一块由木头和可丽耐制成的内置窄板穿过岛台，形成餐桌。灰色的木材、可丽耐和混凝土是在主居住区的其他家具上重复使用的材料。这个岛台不仅是客厅的中心点，而且是整个公寓的中心点。它突出了悬浮的、非典型设计的酒吧座位。另外，由于内部开口，人们会在进入公寓时看到它。整个公寓的黑色元素都很明显，入口大厅的衣架、衣柜或者衣柜的把手上均可看到。秋千和绳索窗帘也突显了室内非典型的高度（3.3 米）。

步行穿过公寓时，室内给人一种非常干净和明亮的印象。然而，卧室和浴室与这种印象形成对比——由于这些房间供休息和放松所用，使用了更深色的材料。

衣柜和卧室墙的长条木板将放置洗衣机和干燥机的洗衣间藏起来，由胶合板制成，呈微微的灰色，使人想起海运集装箱。

饭后，您可以在定制的双面沙发上观看电视或者休息。

将床安置在两个柜体之间，就像将一个集装箱式的更衣间。

深色的浴室有利于放松身心。

适合小男孩的儿童房。

书房的书柜的表面带有磁性。书柜的另一侧则为休息区。

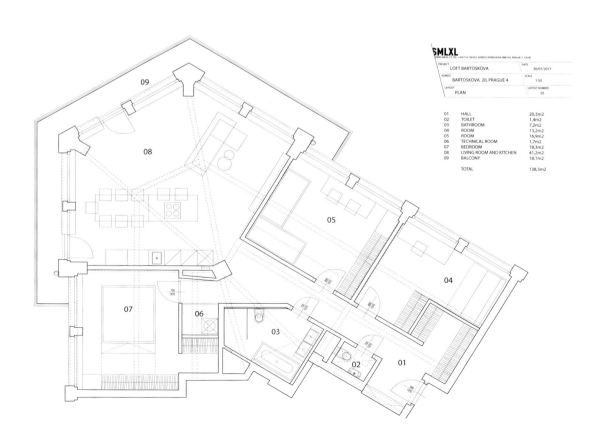

W公寓

设计公司：KC design studio
项目负责人：Kuan-huan Liu, Chun-ta Tsao
面积：139 平方米
地点：中国台湾
摄影师：Sam Siew Shien

　　50 年老屋位于相当密集的住宅区中，是台湾常见的三层楼透天街屋，除了长型街屋常见的采光不足问题外，对面房屋太近也形成隐私及安全问题。另外，附近著名景点及夜市的人潮也会产生噪音的干扰。

　　在缺乏隐私性及良好的景观条件下，我们决定将建筑物向内及向上发展。将各楼层前方区域向后退缩，在街道及居住区域之间形成缓冲的半户外空间，并透过扩张网的半透明性及立面开口适当地隔离外在环境，却又能够引入自然的光线、空气及雨水。通过拆除部分天花板以及强调天井的使用，形成三楼的半户外区域，一楼阳台做为玄关能有较好的采光，二楼的树及植栽能扩展小孩的游戏区域，而三楼主卧房也能同时观赏到树冠的绿意。

　　光线及新鲜空气决定居住者的对空间的舒适度的感受，透过前后方的大面开窗及中间天井，让阳光自然地流进房子的各个角落，中间天井采用玻璃保有原本楼面积，临旁的冲孔铁板楼梯让上方阳光也能穿透。另外，房屋后方原有阳台也退缩舍弃，让原本与后面房屋相临 40 厘米的距离能够拓宽至 90 厘米，并将配置在后方的厕所以玻璃作为隔间，争取最多的自然光进入。

● 硬装

墙壁 | 混凝土

地板 | 白色木地板

其它 | 不锈钢、木材和玻璃

● 软装

照明 | Lampe Gras 灯具

多孔状外立面。

一楼的半户外空间。

为了最大化利用有限的空间，家具被沿墙放置，厨房器具被嵌入楼梯下方。裸露的钢架同时被用来悬挂植物。

浅淡的材料组合以灰色和白色为主，以此加强采光。白色木地板和水泥墙与不锈钢相结合，木材和玻璃的细节贯穿始终。

GROUND FLOOR PLAN

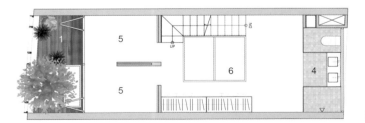

FIRST FLOOR PLAN

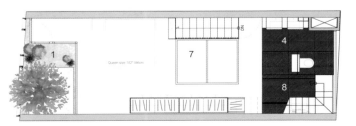

SECOND FLOOR PLAN

1 BALCONY
2 LIVING ROOM
3 DINING & KITCHEN
4 BATHROOM
5 BEDROOM
6 PLAY AREA
7 MASTER ROOM
8 LAUNDRY

位于屋后的宽幅窗户在提升采光和通风中扮演着至关重要的角色。

许多的分隔墙被替换成了玻璃，孔状的浮梯确保了来自玻璃楼层的光线不会被其阻隔。

已有的混凝土结构被保留了下来，它与新建的框架形成了新元素与旧元素的有趣对比。

用玻璃片来代替部分的地板平面能够形成了一个中庭，在不减少宝贵的地面面积的同时，让光线也能够照进建筑的内部。

主卧。

每个楼层皆以开放平面处理，在宽度仅有 3.7 米的条件下，将必要的收纳柜体全部靠墙换取最大的室内使用面积。室内以白色木地板铺设，壁面则以水泥粉光作为完成面，其余则为不锈钢、实木、玻璃等材料，透过白灰色调的自然质感更能辅助阳光在室内的反射，并与玻璃的折射光线相得益彰。原本的梁柱也不刻意修饰或包覆，让新旧材料同时存在于空间中，显示出老屋改建特有的空间质感及氛围。

主卫。

AY公寓

设计公司: FORM architectural bureau
地点: 乌克兰基辅
面积: 180 平方米
摄影: Andrey Bezuglov, Gavrilov Sergey

从最初选择室内设计理念开始, FORM bureau 的建筑师便和客户共同决定抛弃当前的流行趋势。起初只有一个大概的理念, 随着项目进行顺利发展, 最后确定了新细节。

选择复式公寓并非巧合。客户在专门寻找一个空间, 可以将聚会区与睡眠区分开。

在我们设计室内的过程中, 客户的一句"关键的一点就是信任建筑师"非常重要。

最终, 每个纹理和细节都在我们的设计中找到了自己的位置。照明是最重要的角色, 使得人们将注意力集中在墙壁的纹理上, 突出了空间的重要区域和细节。白色与质朴为所有一切作了铺垫。为了形成对比, 我们只在细节部分使用黑色调, 地板上的天然木材为室内增添了温暖。

除用餐区的椅子(来自意大利的 Gervasoni)以及从巴厘岛进口的一些灯具和装饰之外, 工作区主要由乌克兰的制造商与建筑师合作打造。

● **硬装**

天花板 | 整体式混凝土天花板, 在某些地方由石膏板制成

● **软装**

色彩 | 简约的白色, 配以黑色细节

62649-8

在这一区域的设计中, 除了餐厅区的椅子(来自意大利的 Gervasoni)和一些从巴厘岛进口的灯具和装饰, 设计师主要与乌克兰当地制造商合作。

厨房附近的墙上贴着一面镜子，起到了扩大空间的效果。黑色的墙壁以黑板漆粉刷，能够用粉笔进行书写。

白色和简单的装饰构成一切事物的基本框架。

原先公寓里的燃木壁炉坏了后被绿色的生物壁炉取代，但是燃烧柴火的概念被保留了下来。

大堂的墙面装饰采用做旧的板材，并漆成白色。

我们取凉廊的一部分做成一个儿童游乐区，将另一部分做成饮茶和水烟区，并用玻璃进行隔绝。那个区域将非常舒适。

　　首先，为了增加高度（2.60 米），我们从一楼的天花板上取下石膏板，拆开楼梯间带有木材桁构的混凝土覆层。但我们决定在这样的高度条件下打造一个墩座，将沙发区与餐厅分开。我们并不担心这会使天花板看起来很低。虽然客户想要保留楼层间覆盖层的现有色彩，建筑师们果断决定将天花板涂成白色。最初公寓壁炉里的燃木无序摆放，所以设计师使用生物壁炉取而代之，但柴火的想法仍保留。

　　这间复式公寓的整个室内改造在 8 个月内完成。它的关键是整体和谐。带来内心的平静是它的最高设计理念，而这一直是客户和项目作者——FORM bureau 的长期目标。

床边的床头柜来自美国，而铜制灯具则来自巴厘岛。根据客户的要求，我们在睡眠区内放置了一张大床。

客房和其他室内空间一样以白色为主。

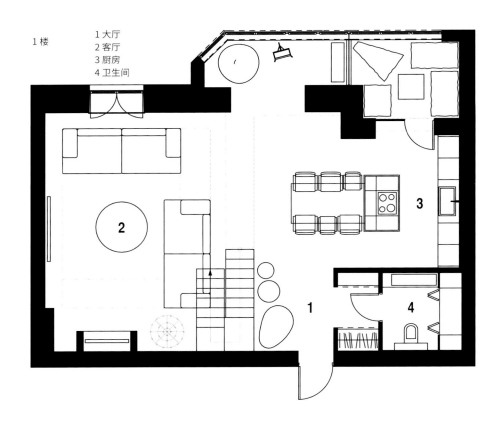

1楼

1 大厅
2 客厅
3 厨房
4 卫生间

我们决定在主卧室的卫生间里，采用松木云杉板设计一个木质天花板。

卫生间里都采用了大面的镜子，以求在视觉上拓展空间。

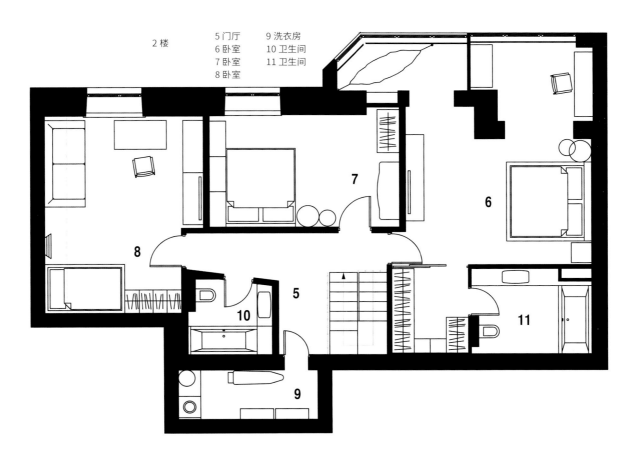

2楼

5 门厅   9 洗衣房
6 卧室   10 卫生间
7 卧室   11 卫生间
8 卧室

峦

设计公司：玮奕国际设计
设计师：方信原，洪于茹
地点：中国台湾
面积：125 平方米
摄影：Hey!Cheese

取灵感于窗外的山峦景观，"峦"的空间规划以层叠式设计为中心，形体结构如山峦般层层呈现，给予人心境的安定与富足。

客餐厅一体的开放式空间，使得有限面积里视觉观感达到最大化。天花板木格栅与灰色雾面地砖平行相对，将整个空间在横向上无限延展。低彩度的冷色调穿插于细腻的材质关系，加之光影变化下的明暗转换，尽致刻画出空间多面向的层次。

大窗户前布满岁月痕迹的旧木，与黄铜茶几的光亮表面形成鲜明对比，材质的混搭倒也为空间平添了几分趣味。出自荷兰建筑师里特维尔德的红蓝椅，在静谧的深色背景中担当主角，仿佛从无声映画中跳脱，开启现代建筑语汇与低度设计空间的对话。

居住之外，"峦"的空间功能还注入了以文会友的闲情逸趣。而茶和酒，已然成为幽人雅士不可或缺的待客之物。旧木回到日用中化作茶几获得新生，灰色玻璃围合成酒窖仿若另一方天地。禅茶一体，酒通仙道，由屋主对品质生活的细节体现，可知其外在物质与内心静笃的平衡探求。

- **硬装**

  墙壁 | 质朴的水泥材质被大面积的使用，并搭配多种灰阶素材，塑造了和谐且令人沉静的空间氛围。

  天花板 | 天花以自然的角料特殊上漆，呈现天然交错的纹理。

  地板 | 意大利两公分厚度的水泥瓷砖、双色染色橡木

  格局 | 本案格局由四间小房，改为一间宽敞的主卧室供长辈居住，其次为客房和佣人房，并将公共区域范围扩大。

  其它 | 特殊水泥、大理石石材（希腊银钻）、橡木皮双色染色喷漆、绷布、意大利水泥质感瓷砖、铁板烤漆处理、海岛型木地板

- **软装**

  家具 | 铜制桌子、皮革沙发

  灯光 | 将光源置入廊道方圆交错的铁件中，暗含天圆地方之意。

客厅。

走廊一处，以方圆交错的铁件为光源，作为空间中的另一亮点之处，以几何造型比拟个体及家庭所处于天地之间亦天圆地方之义。

酒窖为喷漆处理的美耐板。

客厅整体以明亮洁净的白色为主，能欣赏户外美景，成了长辈舒适的休憩之处。

材质的碰撞与特殊单品的搭配。

扩大公共空间，使视野开阔。

灰色空间中显示不同的层次感与灰色向度。

客厅和卧室。

主卧室考量长辈使用，整体以明亮洁净的白色为主要设计。

浴室。

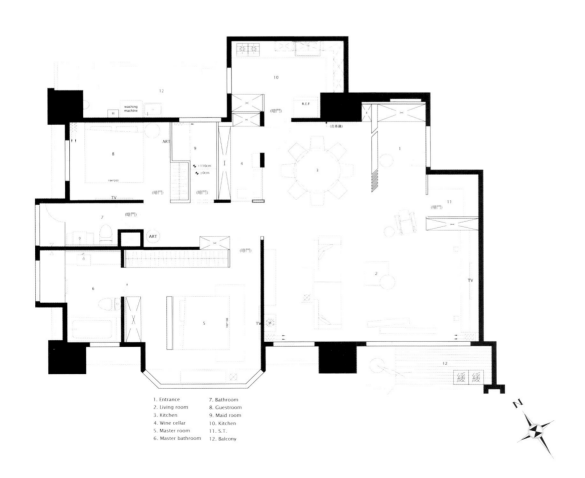

1. Entrance
2. Living room
3. Kitchen
4. Wine cellar
5. Master room
6. Master bathroom
7. Bathroom
8. Guestroom
9. Maid room
10. Kitchen
11. S.T.
12. Balcony

年轻一家的房屋重建项目

设计机构: TSEH 建筑集团
主建筑师: Denis Zadniprovskyi, Anastasiya Cherevishnaya, Iurii Iarionov, Antonina Kaplia
地点: 乌克兰基辅
面积: 141 平方米
摄影: Sergey Polyushko

重建的项目是基辅（乌克兰）附近乡郊的一所房子，被前业主完全忽视了。原建筑有很多小房间和阁楼，我们重新设计时拆除了墙壁，包括一部分承重墙，用木梁代替。厨房和客厅合二为一。

客厅有两层楼高，但采光不足。所以我们在屋顶做了天窗来增强照明。我们在角落设置一个壁炉，并在沙发对面放置等离子电视。几乎我们所有的想法，包括总体布局、自流平地板、靠窗的厨房台面、色彩组合等均得到客户的认可。

客厅的主要设计元素之一是独特的金属楼梯，通过隐蔽的门通往阳台。

门口配备了 4 毫米金属片，可防止角落的器械磨损。

客户养有几条狗，所以客用浴室设有格栅，便于清洗宠物的爪子。

由于重建，房子变得宽敞明亮。

- **硬装**

墙壁 | 在我们的重新设计中，我们拆除了原来的墙壁，包括部分承重墙，用木梁代替。

天花板 | 起居室位于双层空间的第二层，没有充足的光照，所以我们在屋顶上制作窗户已增强照明。

明亮的客厅与木梁。

厨房。

客厅与特别定制的金属楼梯，穿过隐蔽的门可通向阳台。

MARCHIAZZA MT-14

LUILOR®

浴室。

浴室。

浴室。

主人房。

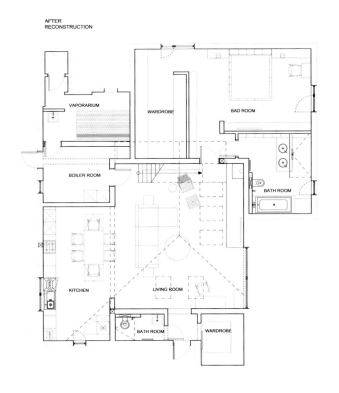

VAPORARIUM

WARDROBE

BAD ROOM

BOILER ROOM

BATH ROOM

KITCHEN

LIVING ROOM

BATH ROOM

WARDROBE

改造前

VAPORARIUM

WARDROBE

BAD ROOM

BOILER ROOM

BATH ROOM

KITCHEN

LIVING ROOM

BATH ROOM

WARDROBE

改造后

现代风·案例精解

巴塞罗那都市白

设计公司：Susanna Cots
地点：西班牙巴塞罗那
面积：180 平方米

在城市狂热的步伐中找到平衡点；从大都市最独特的地区之一中提取自然光线和光彩；只揭示你想表现的东西；打败日常压力，这种宁静感是室内设计师 Susanna Cots 用她的新作品——"巴塞罗那都市白"所传达的。

室内外整合

这栋位于巴塞罗那高地的房屋的业主希望有一个宁静的避风港，同时能够看到这座城市最佳的景观之一。室内设计师 Susanna Cots 设计了一个 180 平方米的空间，满足了这两种需求，特别是内部和外部在视觉上的巧妙整合，在共同区域营造出独特的氛围。

内外部如此特别结合的关键因素是黑色框架勾勒出的外壁炉，这个外壁炉围绕着外部天井，并将其与客厅从视觉上相连接，通过 Vitrocsa 的玻璃门合并两个空间，充分开放，创建一个宽敞的公共区域。

设计师在客厅的斜对角放置了室内壁炉，充当厨房的隔断，巧妙地划分空间，并使得厨房空间与隐藏电视屏幕的橱柜合为一体。

设计师采用厨卫公司 Bulthaup 的样板间设计，将厨房设计成一个小隔间，即是一个独立空间，又能通过服务区和客厅融为一体。

- **硬装**

  地板 | Listone Giordano的天然橡木

  其它 | Vives、Bissaza、Mutina、Porcelanosa的浴室涂料

- **软装**

  家具 | 由Susanna Cots室内设计工作室独家设计的家具

  灯光 | 来自Marset、Artemide、Vibia的照明设备

  装饰 | Flexform的沙发，b&b和Cassina的家具，Bulthaup的厨房体系，Bivaq的户外家具，Teixidors的纺织品。

这栋住宅位于巴塞罗那一高地，业主想要一个宁静的"避风港"，同时还能享受这座城市的美景。室内建筑师 Susanna Cots 设计了这个 180 平方米的空间，满足了业主的两种需求，特别是内部和外部视觉的巧妙融合，在公共区域营造出独特的氛围。

在起居室里，设计师在对角处放置了一个室内壁炉，作为厨房的隔断，巧妙地为厨房创造了空间，并将其与隐藏电视屏幕的橱柜再次合并。

使内部与外部联合的关键元素是室外的壁炉，由黑色框架勾勒而成。黑色壁炉包围外部庭院并在视觉上将其与客厅相连，并通过 Vitrocsa 玻璃门将两个空间合并。完全打开时，就创造出一个宽敞的公共区域。

住宅中央的"玻璃肺"

沿着过道来到该设计最独特的地方之一，这儿装饰有白色珐琅漆的镶木面板，是以现代角度对 20 世纪 50 年代的造型的诠释。

小房间使空间充满了活力，这些小房间成为天然植物的"容器 / 花瓶"，为空间带来全新的触感。与此同时，设计师使用嵌板将许多房间藏起来，如使用 Bisazza 马赛克瓷砖的客用浴室、主套房和儿童房。起居室的入口门采用与通道相同的面板设计，不同之处在于凹入的模件为铁制品。

在住宅的中央，有一个空间可以作为老少休息、独处和学习的中枢空间。它由玻璃和木材元素构成，在木板条处设置照明装置，为灯具和整个空间带来框架和连续性。

住宅的核心区是一个房间，作为可供休息和学习的空间，大人和小孩都可以用。它由玻璃和木材元素组成，将照明灯具隐藏在木质框架之下，并为整个空间提供一种连续性的特点。

厨房仿照实验室的格局与 *Bulthaup* 公司一起设计，是一个隔间，通过食材准备区将厨房与起居室分开并融合在一起。

睡眠区由四个房间构成，运用了两种基本材料：橡木和白色珐琅彩绘。实木复合地板、书桌台和家具都是由意大利公司 Listone Giorano 用木板制作而成的。相比之下，这些房间的洁净感和轻盈感是由白色珐琅彩绘营造的。这种组合实现了永恒的效果。最终，宁静在加泰罗尼亚的首都找到了自己的位置。

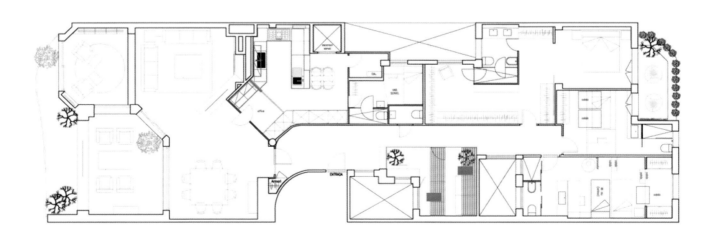

睡眠区的亲密性和隐居性

睡眠区由四个房间组成，设计汇集了两种基本材料：橡木和白色搪瓷油漆。一方面，意大利公司 Listone Giorano 采用木板制成镶木地板、平台和家具。

相比之下，白色的珐琅彩绘衬托出这些房间的清晰度和亮度。这种组合在宁静庄严的环境中终于实现了在加泰罗尼亚首都才有的恒久美好。

比蒂街寓所

设计公司: Falken Reynolds Interiors
地点: 加拿大温哥华
摄影: Ema Peter

核心理念

受到布鲁克林仓库启发的寓所，它的开放空间适合在家工作或者和许多人聚在一起观看比赛。

挑战 / 成果

调整了厨房的方位，可以更好地看电视，此外灵活的空间可以摆放更多凳子和椅子，在电视机周围增加座位。

卧室里增加了帷幔，以隔绝下面开放性的阁楼，为睡眠营造私密空间。

我们打造多个工作区以适应客户在家工作的日子——储藏室和淋浴室隔壁设有一个餐厅，厨房增加了舒适的座位，在有遮盖的露台上放置了一张餐桌，并在卧室里放置了一张桌子。

为了凸显 5.8 米的天花板，Bocci 28.18 吊灯从厨房的天花板上倾泻而下。

其他理念

面积达 37.16 平方米的室外居住用餐露台是室内装修的延伸——延续了室内装修风格。

为了强调阁楼空间的开放性，我们选择了较轻盈的元素，如金属 Vitsoe 搁架、薄石台面、天然亚麻布窗帘以及更轻盈的带脚家具，以平衡厚重的形式。套间装修具有相同的效果。

层层温暖的木材，如不同染色层度的橡木和胡桃木，与哑光结合营造休闲感。

整个空间使用的黑色调带来稳重的质感，平衡了电视区的设计，并为空间赋予历史感和耐久性。

设计参考了客户的海边生活，使用现代工匠元素结合丰富的核桃木与黑色，赋予空间明显的美国风格。

社会或生态影响

厨房朝向客厅，客户在为大型聚会准备餐点时就不会错过欢乐的游戏时光。

邦德街LOFT

设计公司: Axis Mundi Design
设计团队：John Beckmann, Nick Messerlian
建筑师：Nemaworkshop
面积：315.87 平方米
摄影：Durston Saylor, Mark Roskams © Axis Mundi Design LLC.

　　这间休北区的公寓位于设计师 Stephen Decatur Hatch 于 1870 年左右设计的地标建筑中，并于 1987 年被改建为阁楼。一位摇滚音乐家曾对其进行翻新，随后阁楼被一位年轻的对冲基金经理和其担任画廊总监的女友购得。自然，这对情侣为项目带来了众多绘画、摄影和雕塑藏品，其中大多数是由年轻的新兴艺术家所作。Axis Mundi 将这些作品放置在中性色调中，并饰以源自各种艺术品的鲜亮色彩。图书馆一角的一张 3.66 米（12 英寸）长的餐桌等大件家具，与皮革、亚麻、毛皮和温暖的木材等丰富的质感混合，使得这栋扩张感极强的阁楼更宜居。

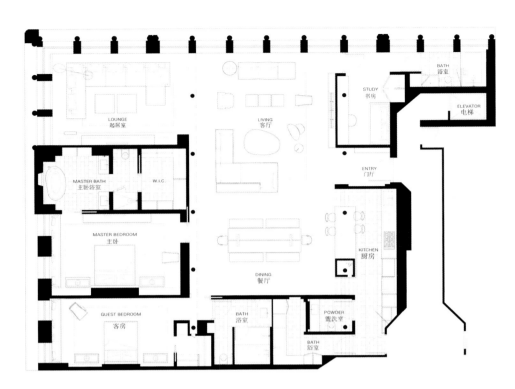

休息室LOFT

设计机构：Leopolis Architecture Group
设计师：Nazariy Horoshchak
地点：乌克兰利沃夫

休息室 LOFT 家居项目是为一个雄心勃勃的年轻人而设计，迎合了他对完美居住空间的理解。工作早期阶段我们拿到这栋独立住宅时，它的结构和设计已改变。这个重建项目包括建造阁楼层和内部楼梯，阁楼可通往酷夏消暑的露台。

一楼的规划突出了两个主要区域：入口和起居室区域。此外还有一个卧室区，由于卧室家具的合理摆放，且利用了每一寸可以存储物品的空间，没有人会觉得空间不足。阁楼这一层的空间包含了工作和休息区，以及露台，可供大型公司举办迎接会。

I'M NOT
HERE TO BE
AVERAGE
I'M HERE
TO BE
AWESOME

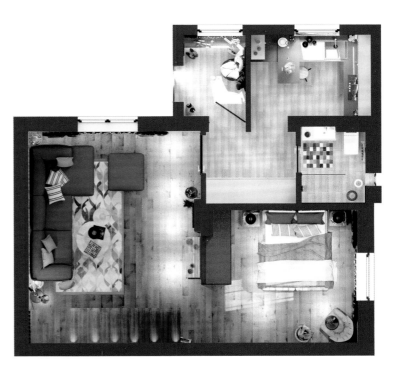

／　　混 搭 风

3. 混搭风

混搭风格是一种比较特异的、追求个性且随性的表现风格。不会将同一种风格的元素堆砌在一个空间内，通常是以一种风格为基础，再加入其他风格的饰品或自己独特的收藏与喜好，形成不一样的混搭效果。

LOFT中涉及的混搭风主要是前面提到的两种风格：工业风和现代风。虽说风格上两者所呈现的效果以及用到的元素完全不一样，但在LOFT设计中，两者元素的运用没有严格的分界线，工业风中也会追求现代功能的设计，现代风中也会有工业元素的应用。

不同风格的结合能使空间充满活力和趣味，但如果仅是风格和物品的堆砌会让空间缺乏视觉中心点，让观者感到混乱。混搭风的设计大致遵循以下5个原则。

（1）和谐统一

混搭风格讲究"形散而神不散"，同一个空间可能存在不同风格的作品，例如工业风的灯具，现代风的沙发，后现代风的油画装饰……所有元素的聚合都只是为了创造一个主题鲜明的空间风格。

例如Design Haus Liberty设计的伦敦Soho寓所，就是在工业建筑的基础上，融合现代风格的家具以及部落风格的装饰品，突出部落主题。

（2）80/20定律

混搭风最重要的一点就是比例问题。经济学家帕累托提出过一个重要法则——"二八定律"，认为20%的变因操纵着80%的局面。而在混搭风中，80%的空间才是最主要的决定性因素，20%的其他元素仅仅充当辅助作用。

这一条与物品的规模和尺寸息息相关，一般来说，室内空间中的大件物品或难以更换的物品就是你的80%。你需要一个"主角"以及几个"配角"来完善整个空间，而且混搭的风格最好不要超过3个。

（3）"求同存异"

将不同的风格结合在一起的最好方法，就是找到他们之间的相似之处，可以根据颜色、大小、纹理或质地进行分组。风格也许多变，但色彩可以保持统一，使用一致的颜色有助于您的装饰更好地融合在一起，看起来更有凝聚力。

这条多适用于小物件以及软装配饰上，虽然保守，但是最安全也是最行之有效的手法。

设计公司：*Design Haus Liberty*

（4）适当的对比

　　提到对比，第一个想到的就是颜色，这很自然，黑白对比或者补色对比等色彩对比是非常经典的对比手法。除了颜色，还可以通过风格（现代与复古）、材质（光滑与粗糙）或者形状（直线与曲线）等产生对比效果，通过和谐的对比创造细微差别。

设计公司：*ALine Studio*

(5) 平衡的设计

混搭风设计得不好会使空间产生不平衡感，让人感到不舒服。对于大多数空间来说，最重要的一个目标就是达到视觉平衡。平衡感的实现与物品的视觉重量有关，物体的大小、颜色、纹理、形状等都会影响其视觉重量。例如，更大、更暗、形状更复杂的物体通常产生更重的视觉重量，所以需要放置同样"重"的物品或多个不太重的物品来达到平衡感。

平衡设计可以通过对称、不对称以及放射性平衡来实现。

① 对称平衡

对称平衡是最常见的一种平衡手法，通过一条虚拟的中轴线，将物体沿此轴镜像重复。传递出稳定、平静的感觉，即使它们过于微妙而无法第一眼识别出来，但我们所有人都会被对称平衡的图像所吸引，认为它们更加美观。

对称性将我们大脑需要处理的信息量保持在最低限度，便于观者快速处理各个元素，因此更易理解，也更容易接受。

设计公司：*SUBU Design Architecture*

② 不对称平衡

不对称平衡与物体的视觉重量密切相关。不对称的内饰往往会感觉更有活力，不那么僵硬。

通常情况下，设计师会选用视觉重量相似的不同元素，实现轴对称平衡，而不是简单地重复相同的元素。例如采用深色的家具或饰品实现不对称平衡。

③ 放射性平衡

放射性平衡，指将物品围绕一个中心点向外或向内延伸摆放。例如圆形的大厅、圆形的照明设备或以圆桌为中心所围绕的椅子。如果希望视觉中心点位于空间中央，便可采用放射性平衡的手法。

设计公司：*Stukel Architecture*

伦敦SOHO寓所

设计公司: Design Haus Liberty
客户: Marcol 集团
地点: 英国伦敦
面积: 156.08 平方米
摄影: Philip Durrant

沃德街这间复式 LOFT（含三间卧室）的内部装饰由 Design Haus Liberty 设计，保留了这栋新翻修建筑原有的 Soho 工业区原始裸露的特征。该建筑有着外露式砖墙、木质天花板横梁、落地窗和有着 500 年历史的独特木地板，所有这些都影响了室内设计的审美和氛围。

Design Haus Liberty 设计了许多有趣的定制细木工，包括独特的背光葡萄酒酒吧，带有仿旧的穿孔青铜滑动面板；休息区内的特色组合搁架、书房中的威士忌雪茄吧室，以及入口楼梯处迎接公寓客人的特色铜质浮雕。

落地窗和走廊的镜面覆层不断延伸空间，并为公寓的每个角度提供视野。精心挑选的二十一世纪中叶和部落主题的家具、艺术品、配饰，以及高端设计师物品和材料通过当代先锋派语境与顶层豪华寓所的奢华期望相匹配。

该设计包含三个室外露台。为了与部落主题相匹配，设计师在室内和户外露台上都加入了绿色植物，包括大型竹子和香蕉树，从而实现了内部和外部空间之间的流畅过渡。

● **硬装**

墙壁 | 裸露的砖墙

天花板 | 木材天花板横梁

地板 | 拥有500年历史的独特木地板

其它 | 大型玻璃窗

● **软装**

家具 | 中世纪复古家具和部落风家具、Pierre Jeanneret 椅子

其它 | 竹子、香蕉树

三楼的起居室。定制的搁架组件由做旧的铜和胡桃木制成，装饰有部落风格的古玩。屋内同时摆有中世纪时期家具。

三楼的起居室。

三楼的起居室。定制的搁架组件由
做旧的铜和胡桃木制成，装饰有部
落风格的古玩。屋内同时摆有中世
纪时期家具。

定制搁架的细节。

三楼的起居室。部落风格的古玩与当代意大利设计师设计的家具。

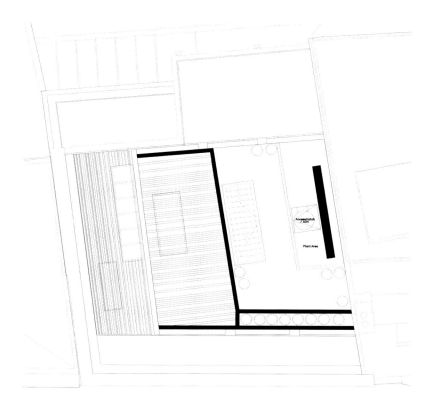

三楼

三楼客厅里有一个独特的背光酒吧，采用胡桃木和古铜色金属网状门。

三楼餐厅。当代高端餐厅家具陈列于开放式空间中，其框架由搭建屋顶的木梁制成。

走廊的镜子扩大了空间感，还有委托制作的抽象艺术作品、非洲凳子和覆盖着旧青铜的细木制品。

带有定制铜雕塑的楼梯间，照明使用了原创设计的吊灯。

客厅二楼。高端的意大利家具与来自二手市场的古董件交错，郁郁葱葱的绿色植物强调了一种开放的阁楼生活。

客厅二楼。砖墙、香蕉树和展现异国文化的图片打造出一种部落风格。

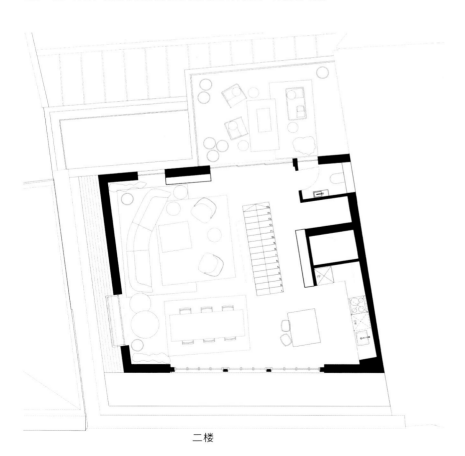

二楼

位于入口楼梯间的做旧的铜塑。

高端餐桌上放置有定制的特色雕塑，以及一些设计的签名物件，例如有着 Pierre Jeanneret 签名的椅子，它们与裸露砖墙和工业风格的大型 Crittall 窗户形成了强烈的对比。

餐厅和厨房。亮点在于在餐桌上的定制铜雕塑，委托设计的抽象艺术作品和高端而前卫、以黑色饰面为主的 Bulthaup 厨房。

二楼走廊。镜面扩大空间的同时，映照出来自非洲古董市场的箭矢。

二楼的卧室。Crittall 窗户上方的镜子延展了空间，出自当代设计师之手的灯具和家具与非洲本土配件兼容并蓄。

二楼的卧室，裸露的砖墙、温馨的现代家具、古玩件和原装大型 Crittall 窗户形成鲜明的对比。

二楼的卧室，温馨的现代家具和原装大型 Crittall 窗户。

在一楼的书房里，混合摆放着古董家具、优秀设计师的作品、中世纪的原作和非洲艺术品。

二楼套房，用经典地砖样式营造工业感，并与豪华、现代化电器结合。

二楼主卧办公区。原始的中世纪家具与非洲民间艺术相结合。

二楼主卧。中世纪家具与独特的非洲配件及艺术的碰撞。

书房位于一楼，可通往露台，里面摆放着古董家具、设计师设计的高端物品和中世纪的原作。

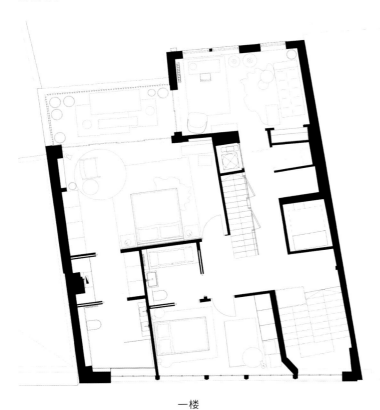

一楼

在一楼的书房里，混合摆放着古董家具、优秀设计师的作品、中世纪的原作和非洲艺术品。

一楼书房。带有小吧台的定制搁架组件由胡桃木和做旧铜材制成。

一楼的书房将意大利设计师的躺椅与中世纪的原作及非洲艺术相融合。

一楼的卧室。古典而舒适的软装结合部落风格的木质凳子和特别委托设计的当代艺术作品。

威廉斯堡LOFT

设计师：Jae Joo
客户：Jose Alvarez & Brooke Hammel
地点：布鲁克林威廉斯堡
摄影师：Julia Robbs

位于布鲁克林的威廉斯堡 LOFT 前身为 Esquire 鞋油厂，在 90 年代初被改建为艺术工作室。客户（Jose Alvarez 和 Brooke Hammel）兴致勃勃地将其改造成住所。在纽约设计师 Jae Joo 的指导下，这座 186 平方米的工业 LOFT 被改造成一个充满想象力而独特的私人住宅。

设计师的目标是将年代悠久的砖块和混凝土结合，从 6 米高的天花板到裸露的横梁，突出其历史细节。每个部分都以独特的方式设计，以突出或提供与空间大小和比例相对应的对比。

设计师主要考虑的是哪种大的整体形式最适合展示业主兼收并蓄的品味，如画廊墙、5 米高的定制书柜及其收藏的纪念品等。这些大物件与中性色调、有机饰面和定制家具形成鲜明对比，因此，尽管 LOFT 规模宏大，但它仍可留下轻松和温馨的家居印象。

- **硬装**

  墙壁 | 画廊墙面和定制的置物架

  天花板 | 6 米高的天花板和横梁

  地板 | 原先的水泥地板

- **软装**

  家具 | 5.1 米的定制书架、有机饰面和定制家具

  照明 | 现代简约的照明灯具

  装饰 | 来自世界各地的纪念品

餐厅的画廊墙。

客厅里 5.1 米的定制书架。

舒适的起居室配有靛蓝纺织品和黄铜装饰。

用餐区内古色古香的酒吧展示架。

从沙发处望向厨房和餐厅。

客厅置物架细节。

定制橡木厨柜，配有 *Nero Marquina* 大理石。

楼梯下的办公室一角。

桌面细节。

阁楼主卧室。

LIVING ROOM

OPEN TO BELOW

KITCHEN

CL

DW

CL

W/D

BEDROOM

OFFICE
+
BEDROOM 2

W/C

LEVEL ONE

LEVEL TWO

摩洛哥风格客房的休息区。

客卧配有手工制作的摩洛哥纺织品。

主卧的浴缸。

PUSHKA 公寓

建筑公司: balbek bureau
室内设计和建筑师: Slava Balbek, Evgeniya Dubrovskaya, Artem Beregnoy
地点: 乌克兰基辅
面积: 180 平方米
摄影师: Andrey Bezuglov, Yevhenii Avramenko

本案是为一位年轻、成熟的单身人士设计的一套公寓，既可以享受独居生活，也可以与未来伴侣共度二人世界。

对建筑中两层 80 平方米的空间进行初步评估后发现，原始砖墙隐藏在石膏层之间，阁楼下是旧木天花板托梁以及倾斜的阁楼屋顶。

挑战：

当我们在具有历史意义的建筑中工作时，我们总是尽量保留、恢复和使用尽可能多的原始材料和特征，因为它们有着自己独特的历史印记和背景。与此同时也强调了建筑师引入的现代形式、形状和纹理。

因此，我们的第一个挑战便是在保持整个空间完整性的同时找到旧与新的平衡。

我们避免使用明亮的颜色，因此我们的另一个挑战就是只通过单色调，创建出包含多种建筑元素的混合体。

最后，我们还想通过创新的建筑方案保留时间的痕迹。

- **硬装**

  墙壁 | 原始外露砖、密集板、粉刷墙

  天花板 | 一楼外露砖，二楼粉刷天花板

  地板 | 橡木地板

- **软装**

  家具 | 小号公爵咖啡边桌、DITRE ITALIA的BUBLE BLOB沙发

  照明 | Artemide的台灯、TONONE的落地灯

  装饰 | Artem Prut 和 Bogdan Burenko的艺术品

新旧的平衡。

两层公寓的一楼设有温馨自然的氛围，包括古老的砖砌、天花板木托梁和金属横梁等现代建筑以及镶板和家具在内的现代元素。

Arketipo 的黑色皮革椅（Pelle Plus）。

原始燃气壁炉的保留传递出整栋建筑的历史意义。

倾斜的墙壁和窗户隐藏在绝对均匀的面板后面，食品储藏室也在这。

白色的运用统一并照亮了整个空间。

Veneta Cucine 橱柜和台面。

倾斜的墙壁和窗户隐藏在绝对均匀的面板后面，食品储藏室也在这。

解决方案：

首先，我们开始着手修复旧砖块、天花板支撑和金属梁。

重新清理了木质支架并涂上防护漆，保留了约 90% 的原始支撑。

我们精心挑选了墙壁和窗框与门框内侧的替换砖，只为找到与建筑物同期制作的砖块。为了平衡边框内侧和窗口的门楣，我们扩大了整体框架，并用新发现的砖块填充了边框内侧。

因此，我们在整个一楼创造了一个温馨而自然的氛围，毫不费力将建筑的真正特色融入其中，比如公寓原有的角落烟囱，以及包括镶板和家具在内的现代元素。

虽然包围二楼的镶板主要用于统一和照亮整个开放式空间，但阁楼的镶板也起到拉直倾斜墙壁的作用。

阁楼是一个没有历史特色的现代阁楼，但由于同样的单色调，感觉就像是底层空间的自然延伸。穿过公寓，柔和又充满活力的色调反映在不同纹理中，和谐共处。

我们还有更多复杂解决方法，比如隐藏在阁楼镶板墙内的内置百叶窗、从一楼到阁楼的手工组装金属楼梯、一个位于一楼完全隔音的浴室。

一楼的其他区域还有厨房和餐厅，带电影放映机的大客厅，步入式衣柜和储藏室。顶层则分为三个区域：带有浴室的主卧、办公室、大型步入式衣柜、客卧、浴室以及洗衣房。

总体而言，公寓舒适温馨，现代而精致，清新而真实，深刻贯彻了"少即是多"这一理念。

KITCHEN & DINING ROOM BATHROOM LIVING ROOM

PANTRY WARDROBE

复杂但美丽的楼梯和栏杆。设计时，工程师和设计师努力保持其几何结构的精确。

浴室的玻璃隔断由乌克兰工匠手工制作。

主卧位于斜坡屋顶下。

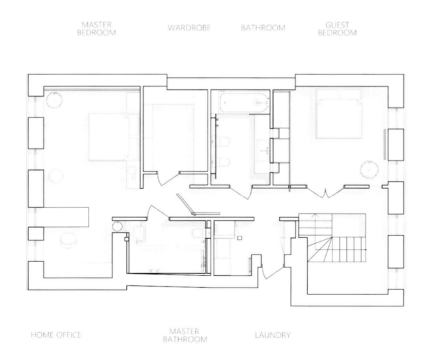

MASTER BEDROOM   WARDROBE   BATHROOM   GUEST BEDROOM

HOME OFFICE   MASTER BATHROOM   LAUNDRY

PANZERHALLE公寓

设计公司: smartvoll Architekten ZT KG
首席建筑师: Philipp Buxbaum, Christian Kircher
地点: 奥地利萨尔茨堡
面积: 350 平方米
摄影: Tobias Colz / smartvoll

几十年前，奥地利人在萨尔茨堡这个名为"Panzerhalle"的旧砖墙内修复坦克。如今您会发现这栋老建筑已变成了市集小摊、共享工作空间、餐厅，以及这间将室内设计最高标准与令人惊艳的室内空间相结合的阁楼公寓。

我们在一个改建"Panzerhalle"空间的竞赛中获胜，将一个 350 平方米的空间改造成杰出的公寓。

面临的挑战为保存历史的空间和环境，并让自然光线而不是人工照明照亮房间。此外，我们还需思考如何扩大空间体验。

我们没有将普通的二楼建成画室，而是决定将睡眠区域移动到边缘。直接将睡眠区安置在窗户边，从床边可以一览无遗地看到萨尔茨堡山脉一览。房间的中央为漂亮的楼梯提供了足够的空间，它可以发挥各种作用，例如将居住区与入口隔开，并利用天花板上的自然光照亮公寓。

厨房隐藏在这个混凝土中心的底下，由熔岩石制成，在两个露台之间延伸。这种可以种植草药的多功能厨房单元还可以用作工作、饮食和社交。起居室、工作场所和旧砖墙构成的娱乐区环绕着楼梯和厨房。

由于这间宽敞的公寓房间高度达 8 米，我们还可以添加一个单独的休息区和温泉区，配备有桑拿浴室和舒适的壁炉。最引人瞩目的是寓所中间、悬挂着灯笼的玻璃淋浴房，会给您高出地面 4 米的感觉。

通过这个项目，"Panzerhalle"不仅获得新设计的建筑功能，整个历史悠久的建筑也被这一步影响。

● **硬装**

墙壁 | 裸露的砖墙

天花板 | 涂刷过的木头

地板 | 混凝土

格局 | 总体来说，空间布局由楼梯决定。我们设计了一种特别的划分方式，就像十字架一样，将巨大的开放空间划分为5个较小的空间区域：吃、生活、娱乐、健身和厨房。对于我们来说，保持空间的连续性是非常重要的，但同时也会建立一些小小的舒适区，比如楼梯。

其它 | 玻璃淋浴房

楼梯桥划分不同区域。

楼梯下的熔岩石厨房。

供睡眠和阅读的
平台。

主卧。

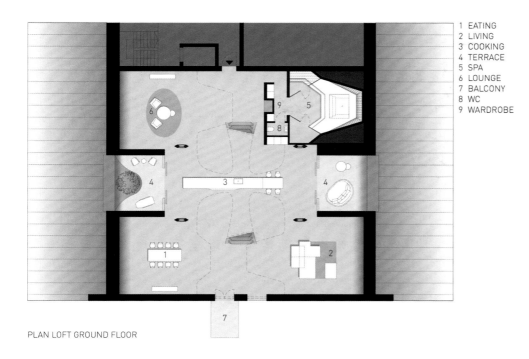

PLAN LOFT GROUND FLOOR

1 EATING
2 LIVING
3 COOKING
4 TERRACE
5 SPA
6 LOUNGE
7 BALCONY
8 WC
9 WARDROBE

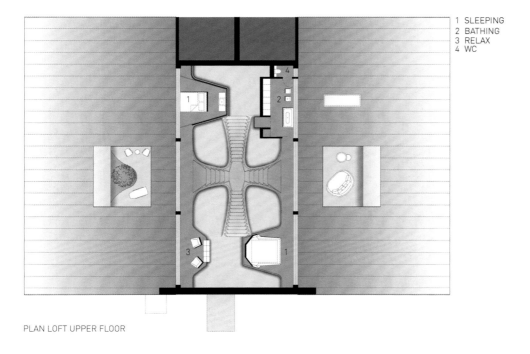

PLAN LOFT UPPER FLOOR

1 SLEEPING
2 BATHING
3 RELAX
4 WC

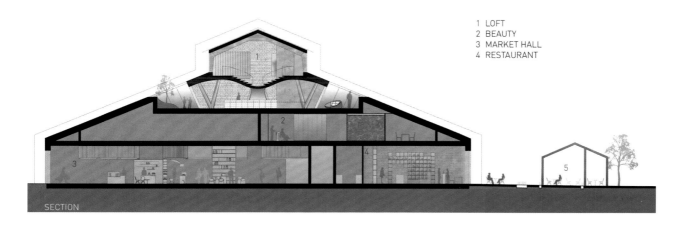

SECTION

1 LOFT
2 BEAUTY
3 MARKET HALL
4 RESTAURANT

菲茨罗伊LOFT

设计公司：Architects EAT
面积：250 平方米
摄影师：Derek Swalwell

菲茨罗伊 LOFT 位于菲茨罗伊一个历史长达 125 年的麦克伯森巧克力工厂内，90 年代初曾用作住宅。我们的项目采用原始混凝土地面和锯齿形屋顶结构，所占据的空间是一楼的一部分，在街道有自己的入口。

我们在改造中铭记着房子的背景和历史转变，保持原厂房骨干结构的完整性至关重要。最近几年建成的墙壁和地板被拆除，露出了焦化的梁柱和残留的油漆，揭示了它的过去。这些保持不变。

在这个项目中，设计了一个由 3 个内部空隙连接的系列空间：这些竖直的空白处空间不仅能突出原工厂高度，更重要的是让光线和空气深入内部，让空间呼吸。

第一个空白空间是庭院。它由北边界围墙围住，延伸至第一面墙脊才结束，直接连接到主客厅和厨房。房屋拥有"澳洲风格后院"。在原屋顶处，我们将其拆除，打造了一个露天花园，在现有的屋顶托梁顶部使用了精致的镀锌延展性网格，从而最大限度地减少了对原始外墙的破坏，并保持了公共领域的一致性。

第二个空间充当了分区设备，将居住空间与私人区域隔开。设计师悬挂钢桥用于连接上部空间，其穿孔地板更显轻盈。Louvre 窗户安置在锯齿的顶部，允许夏季的热气通过交叉通风方式散发出去。

第三个空间在图书馆中，露出原始梁柱，并允许南方柔和的背景光线触及上方的图书馆和夹层书房。

新加部分使用钢结构和开窗，与原来的木材相区分。而细木工饰面的选用与历史悠久的纺织物匹配，揭示了建筑的工业历史。

庭院，第一个充满光线的开阔空间。

多变的空间规划，使得户内户外的连接变得更加容易，更利于两个空间的互动。

时尚现代的厨房配有定制化的精致细节。

阳光洒满整个阅读区域。

螺旋式楼梯将一个空间引向另一个空间。

通风的二楼套间。

休闲放松的空间。

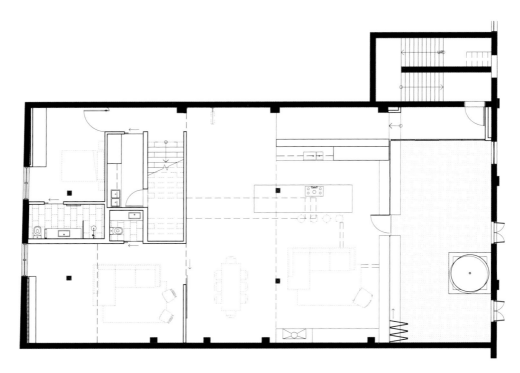

LEVEL 1

0   5m

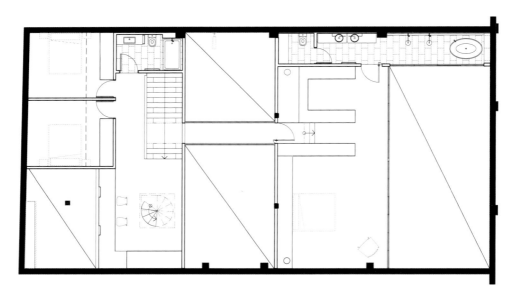

MEZZANINE

0   5m

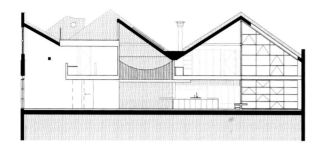

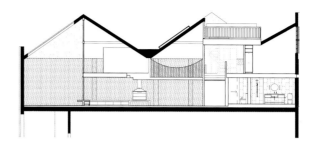

North South Section 1

North South Section 2

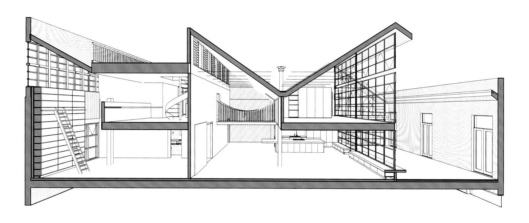

SECTIONAL PERSPECTIVE

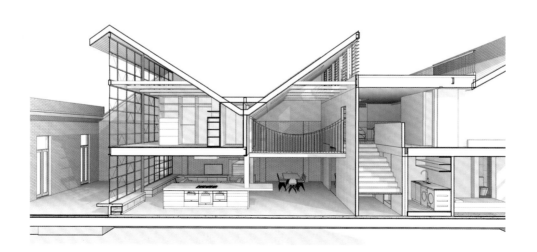

翠贝卡公寓

设计公司: Melanie Williams Bespoke Interiors, London
合作方: Studio Stigsby, New York
地点: 美国纽约翠贝卡
面积: 325.16 平方米
摄影: Paul Craig, 伦敦

我们非常幸运，一位老客户委托我们对一个 325.16 平方米的 LOFT 进行全面翻修。这间公寓坐落在纽约的翠贝卡。客户委托我们重新设计单层 LOFT 空间的布局，以创造梦想中的家庭住宅。

经过多年的租赁，这间公寓的状况不佳，设计师不得不将其还原至只剩基本部分，同时保留并露出一些更有价值的原始特色，如横梁和立柱。

我们对整个公寓进行改造，建造了一系列新房间，满足客户对家庭住宅的要求。它包括 3 间双人卧室，所有卧室都为套间；一个大入口门厅、衣帽间和洗衣房。主空间是开放式的，包括厨房、食品储藏室、用餐区和一个生活空间，其中 3 个独立的座位区落在原来的梁柱之间。这个空间外有一间男性化的家庭办公室，设有落地门将其与生活空间分开，但产生视觉上的连接。

在设计布局时考虑到在主要的开放式生活区有足够的空间很重要，这样就不会失去 LOFT 的特质。我们制造了一个令人印象深刻的 2.5 米长的双面壁炉，成为这个开放式的空间内的焦点和特色，大小正合适。这个壁炉墙很适合作为分隔墙，使居住和用餐空间保持彼此截然不同的感觉，同时仍然连接在一起。

- **硬装**

墙壁 | 暴露的原始砖、石膏和混凝土

天花板 | 外露横梁，原装锡制天花板

地板 | 烟熏橡木地板

格局 | 剥离回原来的格局：三间双人卧室、厨房、厨房、用餐区和起居空间，充满阳刚气息的家庭办公室

- **软装**

家具 | 定制家具、现代家具和经过修复的古老家具

照明 | 众多来自Ochre、Lasvit 和Atelier Areti充满特色的照明

起居室利用原始的立柱将空间划分为三个座椅区。

2.4 米宽的双立式壁炉在这个开放起居空间中将客厅和餐厅区域分隔开来。

从起居空间看向厨房和它前方的餐厅，视线会穿过分隔墙和特色壁炉墙。

裸露的原始砖墙和石膏与新鲜的定制细木制品和背光镜面形成对比。

餐厅及前方的定制厨房和壁炉，搭配做旧的混凝土灰泥墙饰面。

定制的厨房被设计为开放形式，它的活动区以一面特色酒墙划分为厨房工作区和它后面的餐具区两部分。

书房位于 *Crittall* 釉面房门之后，它有着工业风的锌材房顶、裸露的管道系统和充满质感的墙面。

令人惊叹的唱片收藏柜同时被设计成客户的调音台。这个设计既可展示唱片收藏，也形成了一个通往主起居空间的聚焦点。

书房的定制细木制品和摆放在正中的书桌俯视着主起居空间。

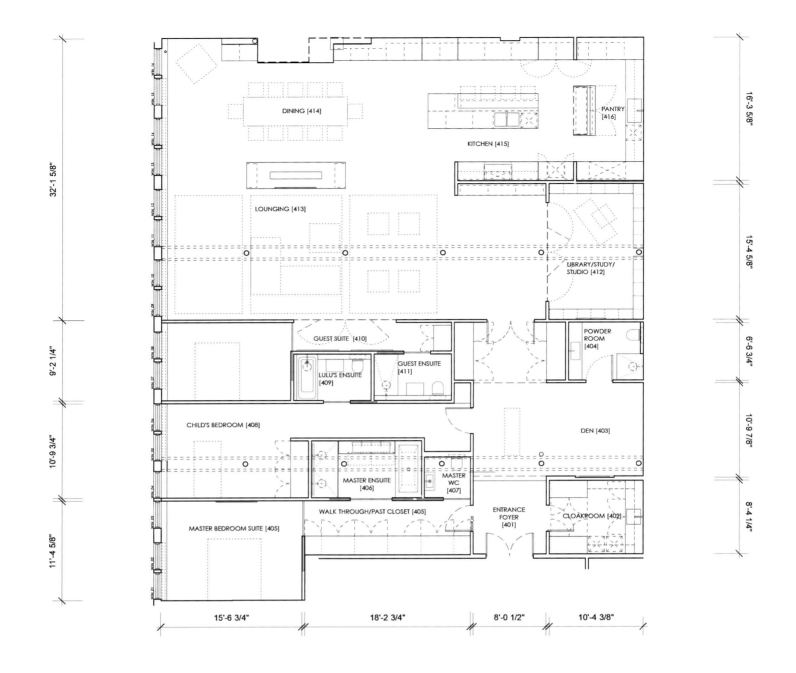

DINING [414]

KITCHEN [415]

PANTRY [416]

LOUNGING [413]

LIBRARY/STUDY/
STUDIO [412]

GUEST SUITE [410]

POWDER
ROOM [404]

LULU'S ENSUITE
[409]

GUEST ENSUITE
[411]

CHILD'S BEDROOM [408]

DEN [403]

MASTER ENSUITE
[406]

MASTER
WC
[407]

ENTRANCE
FOYER
[401]

WALK THROUGH/PAST CLOSET [405]

CLOAKROOM [402]

MASTER BEDROOM SUITE [405]

16'-3 5/8"

15'-4 5/8"

6'-6 3/4"

10'-9 7/8"

8'-4 1/4"

32'-1 5/8"

9'-2 1/4"

10'-9 3/4"

11'-4 5/8"

15'-6 3/4"   18'-2 3/4"   8'-0 1/2"   10'-4 3/8"

　　客户觉得为 LOFT 设计一个恰当的入口门厅是很重要的，他们在曼哈顿下城区及其周边地区拜访过的其他公寓并没有门厅。我们创建了一个比例较大的入口门厅，以适应 LOFT 其余部分的规模。入口门厅有一个酒店大堂的感觉，隔出一个茧形空间来阅读或看电视。

　　我们设计了室内装饰，并为每个空间设计了很有工业感、奢华的边线，以及整个公寓内让人惊叹的饰面和特色，包括一些精心设置、美观的照明灯具等。

主入口门厅被设计成一个迎接入口，使得这个小空间给人以进入酒店大堂的感觉。 大厅的私人休闲空间采用专业的石膏墙面处理。

主人套房配备有定制橱柜和定制
Paonazzo 大理石整石梳妆台。

水厂

设计公司：Andrew Simpson Architects
项目团队：Andrew Simpson（负责人），Emma Parkinson
建造：Overend Constructions
地点：澳大利亚墨尔本
面积：440 平方米
摄影：Shannon McGrath

该项目涉及大型家庭住宅、空间灵活性和改造再利用等问题。

水厂项目是对 19 世纪后期的工业仓库进行的一次翻新和住宅改造。该建筑位于北菲茨罗伊，之前业务涵盖果酱工厂、蒸馏水厂、广告代理和工程咨询等。

这个项目主要涉及室内设计：两层建筑的空间与场地边界相重合，由于是重要的遗产，建筑本身的结构改造受到限制。

为了满足大家庭里不同成员的生活需求，设计师设想的是外建筑物内包裹一系列房屋。建筑平面在底层分为两层，并在内部相连，形成两个并排的住宅，为家庭的不同成员分别设有主要街道入口。

- **硬装**

墙壁 | 裸露的砖块

天花板 | 仓库原来的木材屋顶桁架、胶合板

地板 | 坚硬的美国橡木地板

开放式起居室。

开放式厨房和休息区。

整体空间朝向不好、布局狭长，为了改善采光和通风，设计师在北面和南面的屋顶上引入好几个天窗，并且巧妙定位了连接地面和一楼的大空隙，以增强舒适性。卧室、浴室和洗衣间由一系列可滑动的面板分隔开来。房屋内通常孤立出来的空间被视为临时区域，可以构成开放式平面的一部分或用于更私人的目的。

与原始仓库屋顶桁架相交的几何形天花板沿着建筑物的横截面变化起伏。它包含了电气和机械设施，透过山墙间隙能看到主体内的几间房屋。

套间和开放式餐厅。

学习区和入口。

厨房和客厅。

入口楼梯。

卧室。

从卧室望向开放式起居区。

套间浴室。

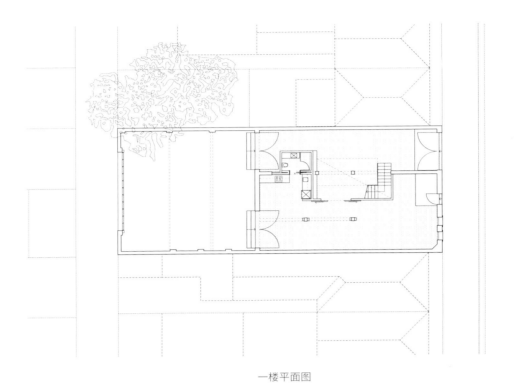

一楼平面图

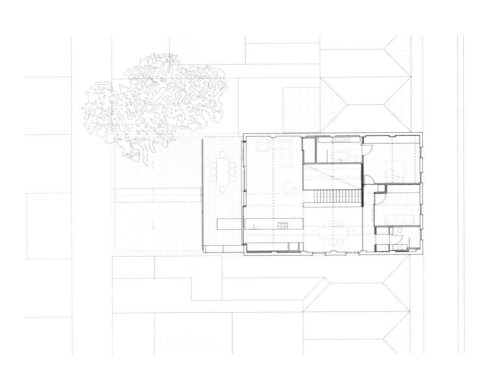

二楼平面图

桑特波尔特铁路之家

设计公司: ZW6 | STUDIO JEROEN VAN ZWETSELAAR
地点: 荷兰桑特波尔特
摄影：JR Works

位于荷兰桑特波尔特的铁路之家建于 1867 年。此前，赛道从这里经过，房屋则用作庇护所。这条赛道为当时的皇室而建，他们在沙丘中狩猎。

Jeroen van Zwetselaar 找到了这所房子，因为他正在阿姆斯特丹地区附近寻找一个特别的地方做新办公室。他通过谷歌地图扫描了属于国家公园的阿姆斯特丹地区的沙丘和海岸线。这片沙丘是荷兰最广袤的沙丘之一。

这个房子的特色是它有着完整的个性。鹿在花园里漫步，但火车带您直奔充满活力的阿姆斯特丹市。在整个建筑中也可以找到这个对比。铁路边的旧平房已经修复，通过钻通科尔滕大钢管扩大了生活空间。田园诗般的小屋仍然存在，但是建筑笔触粗糙。内部也可以找到复古与崭新的巨大对比。项目有一条重要的准则：新的元素不触及旧的元素。这使得一切都葆有生机。

例如，5 米长的旧工作台突出了原始特征并对其进行了补充。相比之下，两侧的新墙壁结合了大量的玻璃和艺术品，Bulthaup 白色立体厨房简约而干净，所有一切融合在一起。

- **硬装**

  墙壁 | 白色灰泥、老建筑的原始砖墙、大玻璃窗

  天花板 | 白色的灰泥，一些房子的旧部分保留原始状态的旧木梁

  地板 | 混凝土

- **软装**

  照明 | 丰富的玻璃，包括位于房屋延展部分的透明屋顶，带来充裕的自然光。我们使用了很多的垂挂设计，极少的科技呈现，来保证一种舒适的氛围。

  装饰 | 用许多地毯、枕头、地毯、植物、花卉营造温馨的家

一楼是一个开放空间，保留下来的旧横梁与灰泥墙形成对比。我们设计了一个观景口，从此向外望，整个建筑的前部立面立于眼前。

餐厅中可见建筑原始的砖墙，其本身的室外窗户也被完全保留下来，如今成为了一扇没有玻璃的室内窗户。

新旧的对比，灿烂的光线，成双的楼梯。

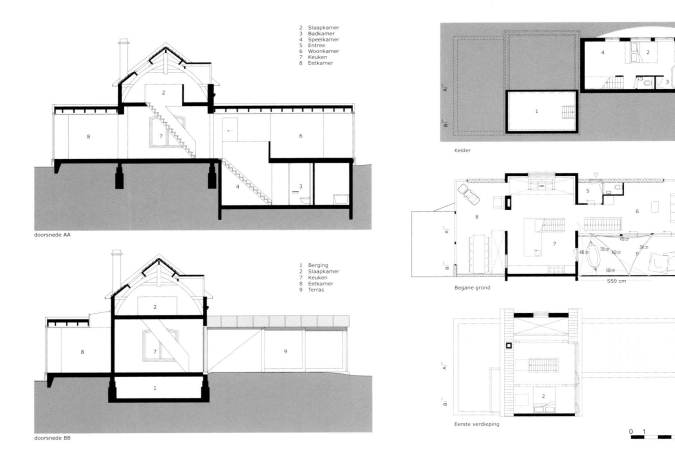

2 Slaapkamer
3 Badkamer
4 Speelkamer
5 Entree
6 Woonkamer
7 Keuken
8 Eetkamer

doorsnede AA

1 Berging
2 Slaapkamer
7 Keuken
8 Eetkamer
9 Terras

doorsnede BB

Kelder

Begane grond

290 cm
400 cm 700 cm 450 cm 200 cm
550 cm
550 cm

Eerste verdieping

1 Berging
2 Slaapkamer
3 Badkamer
4 Speelkamer
5 Entree
6 Woonkamer
7 Keuken
8 Eetkamer
9 Terras

0 1   5m

在铁路之家，您可透过大面积的玻璃窗充分体验户外生活。花园尽可能保持天然性，种植了来自沙丘、贝壳梯田的植物。但也添加了冲浪淋浴、热水浴缸、壁炉和户外厨房等豪华设施。体验在大自然中的生活。这一点在室内也有体现，设计师特意收集了适合室内养的植物和花卉。

ZW6 interior | architecture 认为，细心观察色彩主题一贯重要；应由环境、氛围和建筑，而不仅仅是本身选择色调，这样才能确保协同增效，以及所有一切的融合；但仍需鲜明的对比来保持兴奋感。

Jeroen van Zwetselaar 非常喜欢这个项目，他认为是这所房子的需求让它变得更宜居、更独特，是建筑"告诉"他去做什么。

楼梯是厨房的一部分，楼梯的白色与充满现代感的厨房与老式的房屋形成一种美丽的对比。

前部立面采用深色，来突出房屋原始的形态。室内同时分布着大量艺术作品。

NPL.顶层寓所

设计公司: Olha Wood Interiors Designer
建筑师: Olha Havelock Wood
地点: 乌克兰基辅
摄影: Andrey Avdeenko

　　全新的"Novopecherskie Lipki"住宅公寓的三十层设有几个顶层寓所，每个面积约为 150 平方米至 250 平方米。其中一位物业投资者成为我的客户——一位曾经住在西班牙、在拉脱维亚生活过的年轻人。他想把这个空间打造成完美的地方，与他的几个朋友一起举办派对。

　　这个设计开始便将混凝土天花板和玻璃幕墙分离出来。因为客户没有太多时间，所以不对设计做过多干涉。

　　客户要求我设计一个采用天然材料的开放空间区域和一个"智能房屋"系统，可以控制温度、安全系统、照明和电视。墙壁和厨房岛台使用了橡木／榆树结构的天然材料。表面使用天然材料的 Minacciolo 厨房符合该项目的第一个要求。

　　对于厨房岛台顶部，我们使用钣金，色彩与混凝土天花板和框架柱搭配。内部开了一个大型的窗户，可看到城市、第聂伯河和天空的美景。

- **软装**

家具 | "Waco and Co"开放式木制壁炉、"Agape"木质浴盆

客房内的 Moroso 沙发。

从厨房望向客厅。

通过壁炉将起居室和衣柜分开。

Minacciolo 的厨房岛台和黑色柜子。

　　卧室内巨大的滑动玻璃门和木门在开口处进行操控，卧室与客厅连接在一起。IPad 上的"智能房屋"系统附有"Black Out""设计师协会"功能、程序等，通过控制滑动玻璃门来挡住外部的阳光。客房把客厅和衣柜区隔开，客房中间白色的矩形单片式空间设有开放的木制壁炉"Waco and Co"橱柜和一台隐藏式电视，而部分衣柜设施隐藏在这个长形电视区的对面。

　　浴室区域与卧室以一扇玻璃推拉门隔开，可从卧室和家庭办公室看到浴室墙上的小花园。照明和浇水系统可从洗衣房处控制。

　　浴室设有长条形黑色陶瓷水槽、以及"Agape"的木制浴缸。植物前的白色金属配设从视觉上延伸整个空间。

Agape 的木质浴盆。

HAY 的简约风床单和地毯。

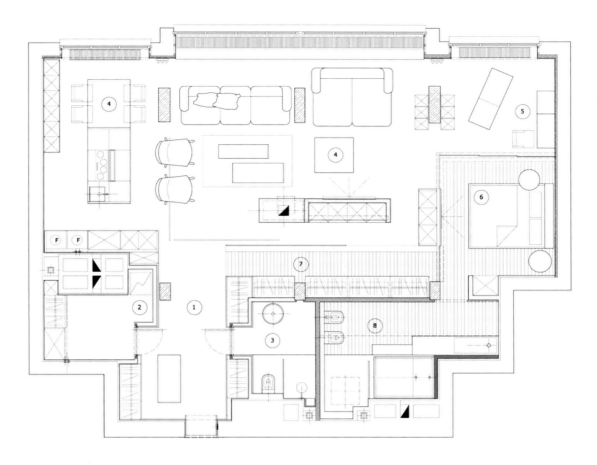

Poliform 的白色衣柜。

壁炉背后。

BJ公寓

设计公司: 2B.GROUP
建筑师: Slava Balbek, Anna Riabova
地点: 乌克兰基辅
面积: 74 平方米
摄影: Slava Balbek

这间公寓位于基辅的历史中心, 业主为一个小女孩的父亲, 该建筑实际上是一座建筑纪念碑。

开发商认为, 任何一栋改造前的房屋的标准布局为: 一间卧室、微型厨房、两间独立的浴室和一间起居室。但业主不希望分开房间, 因此仿造工作室的布局, 空间被改造成宽敞的长方形房间, 将四个功能区域——走廊、起居室、厨房和育儿所结合在一起, 内设全景窗户。

您可以在公寓内找到许多设计真品, 如 1933 年由 Gerrit Rietveld 设计的 Cassina Utrecht 座椅, 由 Jean Prueve 设计的 Vitra 餐桌椅, SS tapis 地毯和 Steinway & Sons 蓝色钢琴"波士顿"(世界上仅有 20 件)。设计师与民主服装品牌 G Star 合作更新椅子用色。但所有的家具看起来都很稳重, 不会很突兀, 例如, 由基辅中央公园拆除的楼梯板制成的餐桌, 与其它充满历史触感的家具相融合。

● 硬装

其它 | 镶板

● 软装

家具 | Gerrit Rietveld于1933年设计的Cassina Utrecht 扶手椅, Jean Prueve设计的餐椅, SS tapis的地毯和施坦威蓝色钢琴"波士顿"

带有裸露砖墙的起居室。

用餐区与沙发区和谐相融。

其中一个目标为实现家具与被分配的空间之间的对话，创建空气和光线、而不是物体充当主角的空间。

此外，公寓还设有一个入口大厅，作为主要储藏区、洗衣房、隐蔽的交流区，以及儿童房第二层。

儿童房位于厨房区的上方，一侧装了密网，另一侧则装有对着入口的监视镜；所有的室内装饰都采用了乌克兰艺术家和设计师 Masha Reva 为这个项目专门设计的柔软印制板。

儿童房、用餐区和厨房以极简的直线条和立方体相连。

古典风格的立式钢琴，*Cassina Utrecht* 扶手椅。

屋主的私人放松空间。

儿童空间装饰有乌克兰艺术家 *Masha Reva* 的手工艺术品。

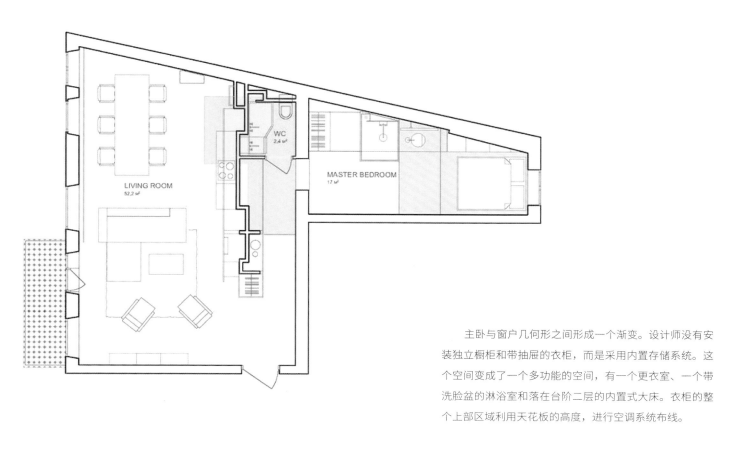

主卧与窗户几何形之间形成一个渐变。设计师没有安装独立橱柜和带抽屉的衣柜，而是采用内置存储系统。这个空间变成了一个多功能的空间，有一个更衣室、一个带洗脸盆的淋浴室和落在台阶二层的内置式大床。衣柜的整个上部区域利用天花板的高度，进行空调系统布线。

圆孔房屋

圆孔房屋设计项目由客户提出，他们希望将家乡撒丁岛的轻盈和开放性带到伦敦市中心，包括拆除 Pimlico 这座小 5 层格鲁吉亚风格建筑的所有内饰，将上下层全部打通，构成六边形体量。设计师随后重新设想内部空间，营造出通透、流畅的家庭环境。新环境富有质感，光与影、动与静相偕。

一系列原始质朴的工业材料，如粗糙混凝土和粗钢，与精致的玻璃、木材和仔细打磨的石膏结合在一起，营造出休闲而清爽的内饰效果。为了解决这种建筑普遍存在的地下室采光问题，设计师使用铺设人行道的玻璃砖打造楼板。这种材料在伦敦的商业街上非常常见，把户外的材料用于室内设计不仅给空间带来了新鲜感，同时利用自然光线连接了上下层的空间。

从地下室伸出的、手工制作的钢制楼梯连接了上下的楼层，实心钢板穿过整栋建筑物直到顶楼，宛如金属脊柱。整个房屋圆孔的使用有助于光线通过各种孔径改善采光。

设计公司：Andy Martin Architecture
设计师：安迪马丁
地点：英国伦敦
面积：220 平方米
摄影：Nick Rochowski

● **硬装**

墙壁 | 混凝土、彩绘石膏板

天花板 | 混凝土、木材、细致灰泥

地板 | 混凝土、实心橡木

其它 | 钢、玻璃

入口大厅。

壁炉。

从餐厅望向花园。

起居室，通向二楼的低碳钢楼梯。

厨房。

餐厅视角下的厨房。

楼梯拐角处。

套间浴室。

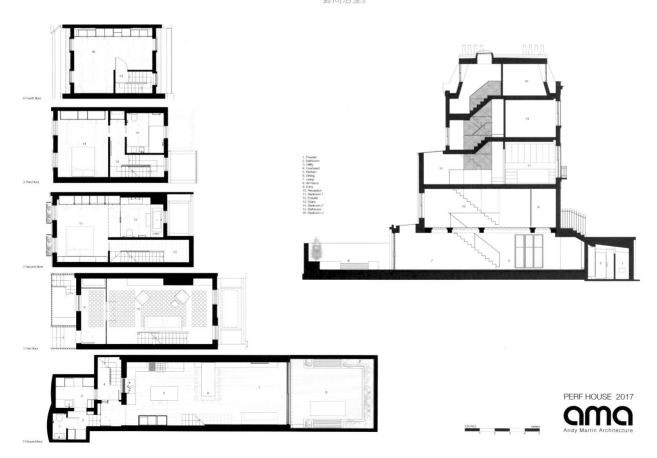

1. Powder
2. Bathroom
3. Utility
4. Courtyard
5. Kitchen
6. Dining
7. Living
8. Al Fresco
9. Entry
10. Reception
11. Bedroom 1
12. Ensuite
13. Stairs
14. Bedroom 2
15. Bathroom
16. Bedroom 3

PERF HOUSE 2017

ama

Andy Martin Architecture

LA DIANA公寓

设计公司：CRÜ Studio
设计师／建筑师：Claudia Raurell, Joan Astallé and Marc Peiró
地点：西班牙巴塞罗那
摄影：Adrià Goula

La Diana项目将底层的商业空间和一楼的公寓（两个独立而疏离的实体）在视觉、体积和功能上联系在一起。在建筑设计方面，设计师对现有板材重新钻孔形成更大的窗口，将上下两层联系在一起。

这个楼梯分为两部分。底层更合乎人体尺寸，这要归功于一个2.2米高的金属平台，该平台充当中间平台，同时分隔起居区和厨房。

"底层"通过建造一个半户外天井来实现空间的亲密性，该天井也可作为街道和内部之间的"过滤器"（过渡区）。

一楼的晚间休息场所围绕着双层空间的空隙进行设计，设备完备的墙壁、储存空间、房门以及玻璃作为隔断，让自然光线从外墙进入房屋内部。

● **硬装**

墙壁 | 砖

天花板 | 陶瓷拱顶和金属梁

地板 | 红陶

格局 | 2.2米高的金属平台

裸露的砖墙墙面。

材料选择满足了"强调传统建筑原始状态"的愿景：将天然赤土陶作为地面，并剥离墙面以暴露原始砖砌体的所有缺陷和纹理。一楼的混凝土带勾勒外墙的边缘，与天花板交叉。混凝土带又将墙分成两个高度，使建筑更接地气，给空间增添了家庭气息。

正门与外立面正面。

厨房和前院立面。

前院立面。

后院的建筑外立面。

后院。

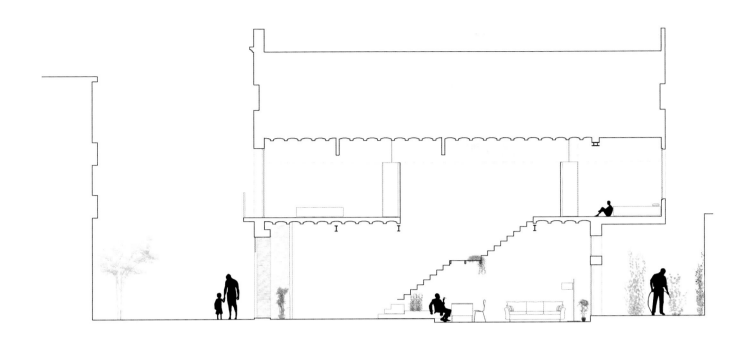

客厅。

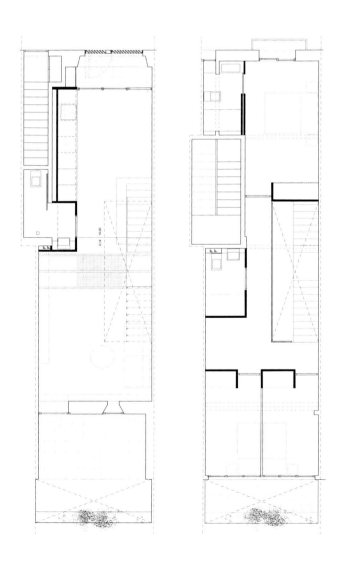

金属楼梯。

上层空间，通向卧室的走廊。

连接一楼和二楼的双层空间。

主卧。

LEE & TEE 房子

设计公司：Block Architects
建筑师负责人：Dang Duc Hoa
项目组：Dang Duc Hoa, Hoang Hai Thanh,
Hoang Nam Chung

地点：越南胡志明市
面积：72 平方米
摄影：Quang Dam

"这所房子对我们来说意味着一切，因为它是我们追求梦想的不懈努力的结晶，"房主说。这是一对年轻的年轻夫妇，有着积极的生活方式。谈到他们刚刚买下的房子，他们想把它改造成新的生活空间和家庭办公室——一家生产手工皮革产品的时尚工厂。

"对于要完成的产品来说，比如说一个手袋，它包含了很多过程，如一丝不苟的针线活等，"当业主谈到他们的工作时如是说。我们翻新这所房子正如此。我们像工匠一样精心仔细地合拢房子的每一个部分：旧的和新的，分开的和一体的，以及木材、砖头、混凝土、金属和树木。

令我们兴奋不已的是房子看起来像是用细细的白线"缝合"。我们拆除不必要的墙壁和地板以腾出空间，形成一个大型的框架，"缝"在墙壁上，并在房子的前部和后部安装大型的框架。这些框架由复杂的小钢丝制成，形成立方体，这些立方体被涂成白色并装饰着绿色蔓藤。虽然蔓藤看起来很细长，但它们很坚固，有效地保护了房子，同时仍可让空气和光线进入室内。

- **硬装**

  墙壁 | 实心砖墙

  天花板 | 石膏天花板

  地板 | 混凝土地板

  格局 | 利用白色框架连接每一处空间

- **软装**

  家具 | 橡木、胶合板

  照明 | 筒灯、聚光灯

  装饰 | 垂直花园绿墙

白色框架制成的外立面。

露台拥有多样化的绿色植被。

从前院可以看到起居室和餐厅。

起居室充满自然光线。

弯弯曲曲的厨房台面穿过整个房子。

从楼梯望向空间夹层。

主卧室配有百叶窗的窗户。

办公区内的垂直花园。

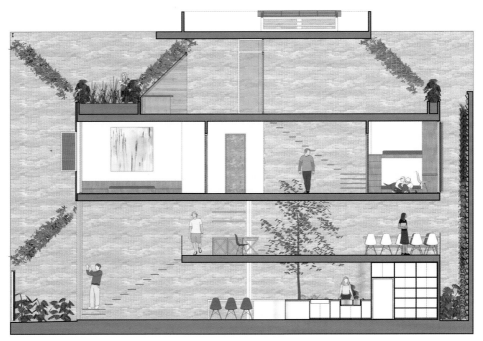

Section A-A

0 200 1000   2000   3000   4000

Section B-B

0 200 1000   2000   3000   4000

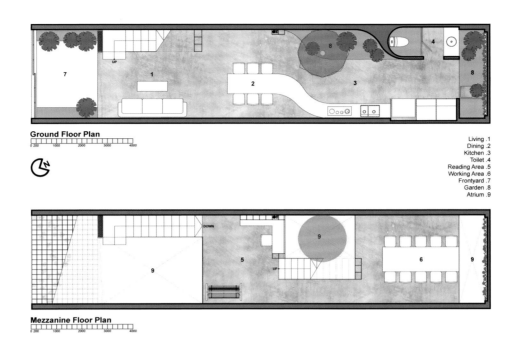

Ground Floor Plan

0 200   1000   2000   3000   4000

Living .1
Dining .2
Kitchen .3
Toilet .4
Reading Area .5
Working Area .6
Frontyard .7
Garden .8
Atrium .9

Mezzanine Floor Plan

0 200   1000   2000   3000   4000

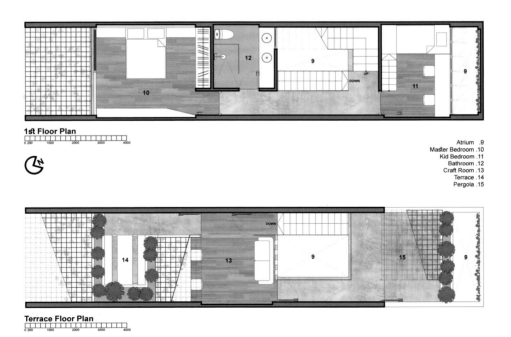

1st Floor Plan

0 200   1000   2000   3000   4000

Atrium .9
Master Bedroom .10
Kid Bedroom .11
Bathroom .12
Craft Room .13
Terrace .14
Pergola .15

Terrace Floor Plan

0 200   1000   2000   3000   4000

在房子内部，设计师拆除了旧的混凝土楼梯，为光线进入底层提供了广阔的空间。看起来宛如漂浮在空中的木板，由白线"缝合"在一起，组成新的楼梯。这样允许上方的光线通到底层。此处设有一个长长的厨房柜台和一个波浪形桌子，围绕着小花园，产生的动态与静止砖墙形成对比。

北方的光

设计公司: Scenario Architecture
地点: 英国伦敦
面积: 180 平方米
摄影: Matt Clayton

本案对一间爱德华时代的房子进行重新整修、翻新和扩建。

客户是一个年轻的三口之家，他们找到我们，要求全面翻新这间公寓，填充"犬齿"（13 世纪英格兰建筑的犬牙饰，四叶饰），扩大厨房与用餐区的面积，并合理规划大阁楼内的空间。

他们的主要要求为：加强室内空间与花园的联系，厨房和用餐区更加一体化，以及为客人提供更多活动空间。由于房屋已经超过 30 年未翻新，他们还要求对内部布局进行彻底重组。

我们成功地创建了完全符合客户需求的设计。打通内部空间，但仍保持原有分区的功能，房屋的开放性更强，迎宾的氛围更浓，空间之间的联系更加紧密。房屋前后的流畅性强，空间流动一直延续至花园。尽管北侧后方有阻挡物，巧妙的窗户定位仍允许自然光线进入厨房。

通过降低阁楼的一部分，设计师为客户打造了另一间房间，甚至还有足够的空间作另一间浴室。

- **硬装**

    墙壁 | 回收砖块，每一处都以白色为主

    天花板 | 简单地刷白

    地板 | 厨房和餐厅区为可加热的抛光混凝土地板，
    工程木材

- **软装**

    照明 | 嵌入式聚光灯和吊灯

错层式起居室。

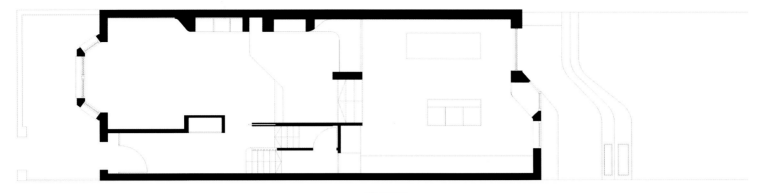

一楼平面图

厨房和餐厅。

楼梯。

厨房和餐厅。

空间开阔的起居室。

从主休息区望向其他区域。

内置细木工和木柴存储槽。

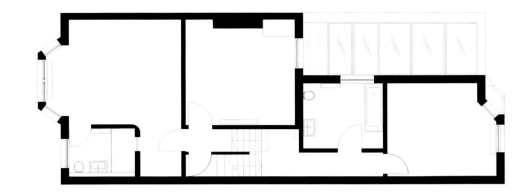

二楼平面图

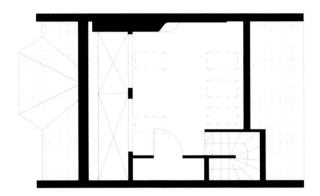

屋顶阁楼平面图

屋顶下的阁楼间。

教堂改造项目

设计公司: Linc Thelen Design
面积: 510.97 平方米
摄影: Jim Tschetter

这个面积达 510.97 平方米的项目前身为教堂，现在成为一个家庭住所，这个繁忙的家庭有 3 个年幼的孩子。教堂原有 7 间卧室和 6 间浴室。大房间的天花板高度达 7.62 米（25 英尺），而像游戏室这样更加私密的空间天花板的高度为适合小朋友的 2.13 米（7 英尺）。项目选择装修成时髦而不拘一格的氛围配以有趣的壁纸和灯具。Linc 定制设计制造了家庭的许多细节，如攀岩墙、餐桌、Murphy 婴儿床和大部分家具。这个家原有的彩色玻璃窗、钟楼、外露的砌砖和天花板花篮展示了教堂的历史细节，但同时融合了所有现代生活的便利设施。

● **硬装**

墙壁 | 裸露的砖块

天花板 | 裸露的天花板

地板 | 木地板，1.2 米带白色纹路的定制橡木

其它 | 原装彩色玻璃窗，钟楼

主入口和门厅保留了原装彩色玻璃、裸露砖墙和教堂长椅。

餐厅餐桌由 *Linc Thelen* 定制设计，结合了钢底座、中心螺丝扣和白橡木台面。

视线穿过客厅，可以看到一个充满现代感的壁炉，外覆 *Transceramica* 公司经销的石英，以及一盏吊灯，从 7.6 米高的屋顶垂挂而下。吊灯和壁突式烛台均来自 *Arteriors* 公司。

通往二楼楼梯采用白橡木台阶，将铁艺栏杆与玻璃板相结合。

定制橱柜由山核桃木制成，上面还带有特别设计的印迹。

厨房台面采用白色石英，中岛灯具由
Linc Thelen 设计和制作。

媒体室设有一个能够直接看到客厅的镂空壁炉和一个木材贮存柜。房间设计的主旨是舒适，使用了 *Interior Define* 的沙发，槽口相接的木板墙，和一个由 *Linc Thelen* 设计和安装的白漆媒体柜。

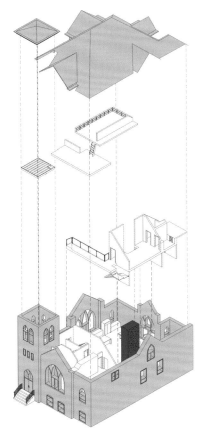

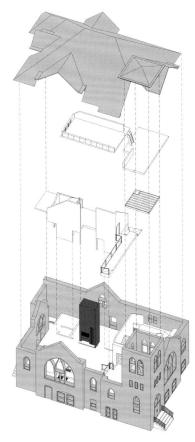

男孩的房间有一面攀岩墙，几何图形的地砖由 FLOR 设计，壁橱和浴室的转门使用了外露的五金轨道。

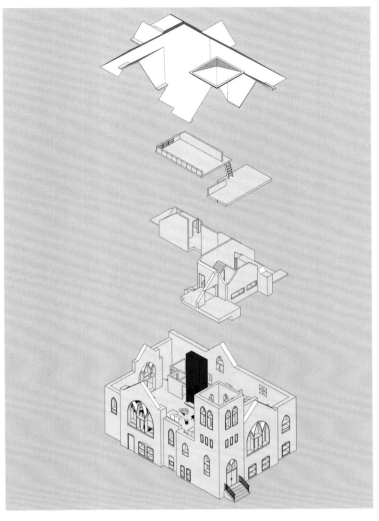

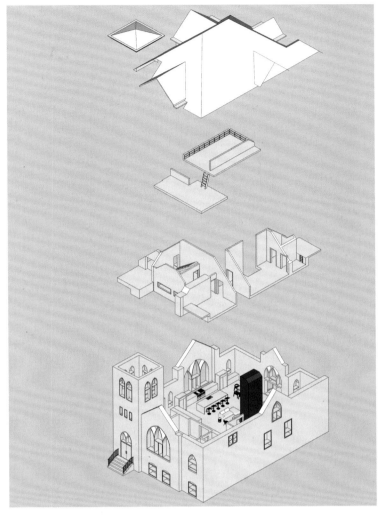

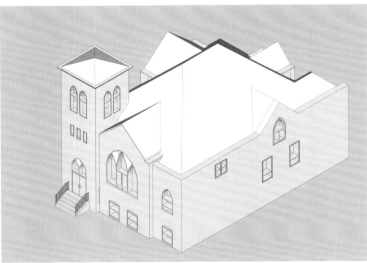

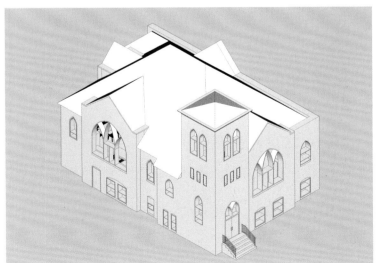

South Elevation
Scale: 1/4" = 1'-0"

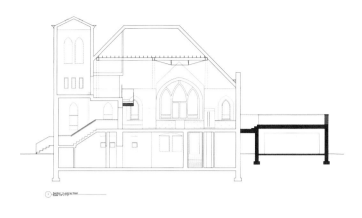

Section 1 Looking West
Scale: 1/4" = 1'-0"

Section 2 Looking South
Scale: 1/4" = 1'-0"

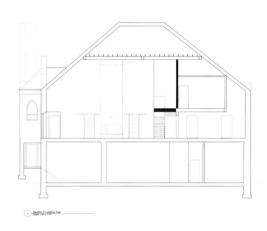

Section 3 Looking East
Scale: 1/4" = 1'-0"

West Elevation
Scale: 1/4" = 1'-0"

女孩的房间有一个凸起的阁楼，挂着秋千椅，墙面贴着 *Serena and Lily* 的墙纸，裸露的横梁和平台样式的床由 *Linc Thelen* 设计和安装。

Jack & Jill 的洗浴用品和科勒的水槽龙头。地板上跳跃的色彩是用水泥瓷砖做成的。

18号顶层公寓

设计公司: Stukel Architecture
建筑师: Daniel Stukel Beasly
设计团队: Tobhiyah Stone Feller, Martina Guidetti, Dominique Hage
面积: 135 平方米
摄影: Tom Ferguson

这间充满活力的顶层公寓位于 Surry Hills 的中心，是为娱乐生活而设，设计受到商业酒店公寓内饰的启发。我们的客户，来自法国和纽约的一对夫妇，与我们一起为他们在悉尼的新生活做出了大胆而出乎意料的选择。

现有的两居室公寓布局不合理，动向和比例不佳。公寓有很棒的大屋顶露台，可以看到悉尼南部 CBD 商务区的天际线。设计师设计了新平面图，将所有新装修连接到现有的水电等设施。混凝土板伸入邻近天花板空间，再确定湿区和厨房的位置，避免对中心穿孔造成破坏和高昂的成本。

建筑物周边已经有承重的混凝土框架，所有内墙都不是承重墙。这使得大部分内饰都可以被剥离出来并重新规划，但现有的主要设施立板是不可移动的。这些立板被用作新的细木工连接的支点或枢轴点，打造的动态储藏室、酒吧和入口引导，同时确定了空间用途。

其他主要特色：厨房（有两个烤箱！）傲立在房子的中心地带；天花板为混凝土，露出洒水喷头和照明。

在这个充满活力的项目中，纽约风格的地下室酒吧和 Surry Hills 的库房不期而遇！

- **硬装**

墙壁 | 用灰泥粉饰渲染

天花板 | 原有的渲染效果剥离到裸露的混凝土上

地板 | 橡木

厨房位于公寓的中心，将活动区和休息区分开。

朝北的休息室空旷却安静，配有户主的私人物品。

抛光的混凝土天花板富有光泽，将来自北面窗户的光线反射于房屋之中。

房子打造成一个半商业化的空间，配有一个可供休闲娱乐的吧台。

厨房等后勤保障服务在原有的基础上得到提升，在铜制品的衬托下突显高品质的特点。

细木工的装饰引导人们进入空间。

客房的旁边是一个小厨房，满足户主尽情烹饪的愿望。

客卫的装饰让人想起每日在纽约地铁中的通勤时光。

熨斗区LOFT

设计公司：ALine Studio
设计师：Amanda Thompson
地点：美国纽约
摄影：Seth Caplan Photography

　　该项目是对纽约市熨斗区的一个 LOFT 进行全面整修。 ALine Studio 受雇为这间单身公寓进行设计。它的设计必须能让朋友和女士们留下深刻印象，并且足够温暖以便斩获恋情。我们为大厨设计了一间新的厨房，无论男、女或情侣来到这儿都会爱上做饭。对于餐厅，我们选择了一个独特的钢质玻璃桌，视线可以在空间中不间断地移动。相邻的客厅配备了一张便于斜躺的意大利沙发，沙发上覆以豪华舒适的天鹅绒。卧室和起居室通过使用带有双面玻璃壁炉的隔断墙进行分隔，增添了绮丽的氛围，玻璃在卧室内营造出性感的风景。设计师剥除整个公寓所有的石膏，露出上了年纪的魅力砖块。最先进的 Lutron 控制照明系统、音响系统和电动遮阳帘连入空间。撩人的超大尺寸艺术品和前卫配饰的结合，为微妙的单色空间增添了一些戏剧色彩。最终的成品有着男子气概，也完美地结合了女性化和男性化的元素。

顶层复式公寓

设计公司: Toledano + Architects
项目设计师: Gabrielle Toledano,
Camille Imbert, RaphaëlleElalouf

地点: 以色列特拉维夫
面积: 240 平方米
摄影: Oded Smadar

这栋顶层复式公寓及其周围的屋顶露台经过了全面翻修。

主要的挑战为如何将需要私密性和安静的亲子区与大而宽敞的组合生活空间结合起来。鼓励家庭成员聚集在灯光敞亮的生活空间中。

整个房子通过推拉门、隐藏在书柜中的吧台、可折叠的延伸金属桌,以及可用两种不同方式打开的前门入口等等组合在一起,根据一天中的时间段或场合为每个空间提供多种功能。

设计师选择使用木材、混凝土和黑色金属创造一个现代而温暖的空间。悬挂的金属楼梯通过强烈而不断变化的自然光线和交叉的金属弦线,在所有空间都清晰地营造出线条阴影。它们仿佛在空间中组成了一幅画,可以在任意一处欣赏。

客户家中有孩子,想要一个别致而有趣的地方。因此,孩子们的房间设计得像一个操场,把桌子、黑板、书架、床、小木屋、墙上的激光地图、舞蹈吧、壁橱等整合在一起,以培养创造力。它们在家庭住宅内还使用不一样的木材,设计了一间彩色小屋。

另一方面,父母的主套房采用完全不同的建筑语言,与复式的其它部分分隔开来。内设有一个简洁而完美的白色步入式衣橱、一个完全由混凝土覆盖的浴室和一间主卧室。

室外被设计为内部的延伸,并在其上安置了大量的木凉棚和大量的植物,特拉维夫气候允许一年 9~10 个月使用凉棚。

宽阔的木质凉亭为特拉维夫的天际线勾勒出框架,玻璃扶手将视野融入了公寓的一部分。设计想法为消除边界,内部变得更靠近外部,并且外部穿透内部空间。设计师使用柚木创造出看似无止境的线条,并将其设计成长凳、植物容器、室外厨房、秋千或吧台。

SECTION B-B

wall white paint

mdf back panel + mirror "old aspect"
mat oil like the rest with texture

walnut wood pots on
black metal rail

fixed window-
visible black aluminium frame- 2.8 cm
1 big glass
120 X 159 cm

full walnut wood
1.5cm+1cm+1.5cm

2 power sockets
1 electric shade interruptor

back pannel walnut wood

drawer
push and go
inside & outside
wood walnut

light interruptors

outside terrace
accessible

2 power sockets   2 power sockets   walnut Wood back panel   2 power sockets   2 power sockets

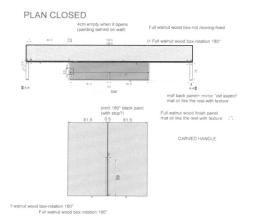

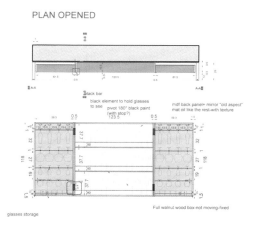

PLAN CLOSED

4cm empty when it opens
(painting behind on wall)

Full walnut wood box-not moving-fixed

Full walnut wood box-rotation 180°

bar

mdf back panel+ mirror "old aspect"
mat oil like the rest-with texture

Full walnut wood finish panel
mat oil like the rest-with texture

pivot 180° black paint
(with stop?)

CARVED HANDLE

Il walnut wood box-rotation 180°
Full walnut wood box-rotation 180°

PLAN OPENED

black bar
black element to hold glasses
to see

pivot 180° black paint
(with stop?)

mdf back panel+ mirror "old aspect"
mat oil like the rest-with texture

glasses storage

Full walnut wood box-not moving-fixed

GLASS TYPE

Glass lifeline : h = height of the existing concrete lifeline (~107cm)

10cm = space between the panels

SECTION

Glass front panel

low aluminium fixation
on the inner face
of the concrete

Existing concrete
(acroterion)

Wooden ground

FIXATION TYPE | SECTION, zoom x10

Glass panel

Silicon seal

Glass fixation

Metal plate

Metal-concrete fixation

waterproofness
Detail to see on a meeting

Drain

PLAN

IN

OUT

Glass side panel

Existing concrete
(acroterion)
Glass front panel

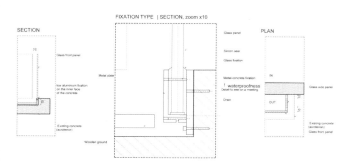

Swing

Wooden swing

Slats of teen

Pergolas : Slats of wood

Metallic armature

+ 1.10

+ 0.70

+ 0.45

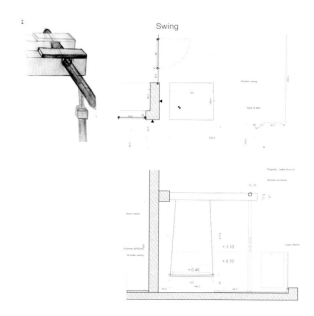

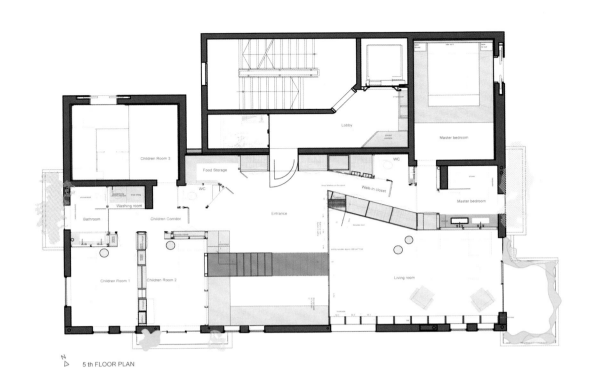

Children Room 3

Food Storage

Lobby

Master bedroom

WC

Washing room

WC

Walk-in closer

Master bedroom

Bathroom

Children Corridor

Entrance

Children Room 1

Children Room 2

Living room

N

5 th FLOOR PLAN

6 th FLOOR PLAN

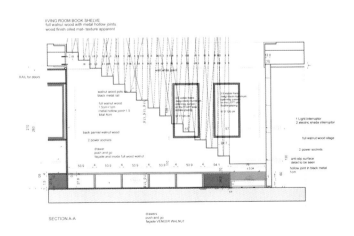

LIVING ROOM BOOK SHELVE
full walnut wood with metal hollow joints.
wood finish oiled mat- texture apparent

RAIL for doors

walnut wood pots
black metal rail

full walnut wood
1.5cm+1cm
metal hollow joint+1.5
total 4cm

back pannel walnut wood

2 power sockets

drawer
push and go
façade and inside full wood walnut

1 Light interruptor
2 electric shade interruptor

full walnut wood stage

2 power sockets

anti-slip surface
detail to be seen

hollow joint in black metal
1cm

SECTION A-A

drawers
push and go
façade VENEER WALNUT

设计师名录

novatex
诺华·中国

高端软体材料制造商
High-end software material manufacturer

高端家具定制服务商
High-end furniture custom service provider

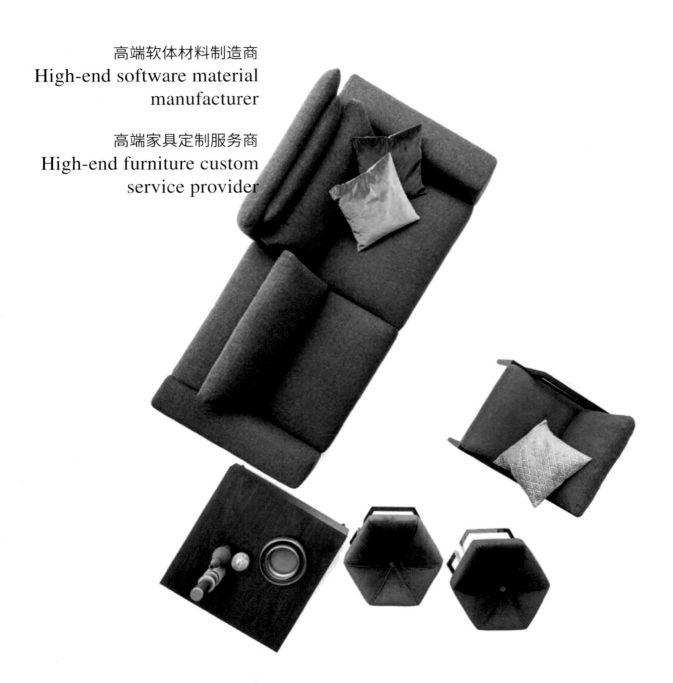

HANGZHOU · CHINA

官方公众号　　家具服务　　材料服务

novatex

诺华三大材料品牌　家具定制服务介绍

LUILOR / novabuk / N&B

意大利顶级面料制造商，风格简约、轻
奢。其前沿的理念，经典的设计，时尚
的颜色，苛刻的制造，引领着全球家纺
行业趋势。

novabuk®

意大利时尚皮艺品牌，独特的艺术皮，
自带超强的装饰性和功能性，源于精良
的选材，复杂的后整理，手工打造。

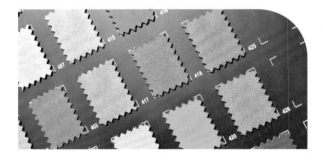

高格调，高品质，高性价比，现代简约
风格。源自意大利的设计，用沉淀十几
年的纺织工艺技术进行国内生产，拥有
强大的备货。

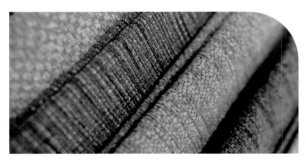

家具定制服务联系

家具定制服务

秉承"服务设计师"的理念，以"中国设计，意大利制造"为特色，用
最好的面料，让国内的设计师享受到世界顶级定制工厂的服务。

ARTPOWER

致谢

我们要感谢所有为本书做出重大贡献的设计公司和设计师。没有他们支持，
本书将不可能成功出版。

我们还要感谢其他没有提到姓名的人，他们也为本书的出版提供了巨大的支
持和帮助。

更多合作

如果您希望参与到我司的其他书籍，请联系我们：press@artpower.com.cn